本书由

国家自然基金项目(51464013)、江西省科技厅重点研发计划项目（20151BBE50002）和江西理工大学青年英才支持计划资助出版。

等离子束表面冶金强化硬面材料设计、制备及性能

陈 颢 李惠琪 羊建高 著

北 京
冶 金 工 业 出 版 社
2017

内容提要

本书针对截齿的工况、材质设计了多元铁基材料体系，并对其等离子束表面冶金工艺特性进行了深入、系统的研究，分析了不同工艺参数对表面冶金涂层组织、性能的影响。在优化工艺参数的条件下，采用同步送粉等离子束表面冶金技术在Q235钢表面制备出质量良好、基本无缺陷、厚度为3mm的铁基合金涂层，由于颗粒强化、细晶强化和弥散强化等多种强化作用，涂层具有良好的耐磨性能。以流体动力学理论为基础，建立了温度场分析模型和合金粉末穿越等离子束的模型。另外，对等离子束表面冶金熔池的运动特性进行了理论分析，揭示了等离子束表面冶金过程中涂层形成的机理。

本书适合从事材料表面处理、腐蚀与防护等领域的科研、技术人员参考和使用。

图书在版编目(CIP)数据

等离子束表面冶金强化硬面材料设计、制备及性能/陈颢，李惠琪，羊建高著．—北京：冶金工业出版社，2017.7

ISBN 978-7-5024-7536-9

Ⅰ.①等…　Ⅱ.①陈…　②李…　③羊…　Ⅲ.①表面合金化—等离子冶金　Ⅳ.①TG174.445

中国版本图书馆CIP数据核字(2017)第138087号

出版人　谭学余
地　址　北京市东城区嵩祝院北巷39号　邮编　100009　电话　(010)64027926
网　址　www.cnmip.com.cn　电子信箱　yjcbs@cnmip.com.cn
责任编辑　常国平　美术编辑　彭子赫　版式设计　孙跃红
责任校对　卿文春　责任印制　李玉山
ISBN 978-7-5024-7536-9
冶金工业出版社出版发行；各地新华书店经销；三河市双峰印刷装订有限公司印刷
2017年7月第1版，2017年7月第1次印刷
169mm×239mm；8印张；155千字；117页
32.00元

冶金工业出版社　投稿电话　(010)64027932　投稿信箱　tougao@cnmip.com.cn
冶金工业出版社营销中心　电话　(010)64044283　传真　(010)64027893
冶金书店　地址　北京市东四西大街46号(100010)　电话　(010)65289081(兼传真)
冶金工业出版社天猫旗舰店　yjgycbs.tmall.com

前　言

80%以上的机械零件失效都与表面性能有关，基于服役条件而通过表面工程技术对零件的表层与基体进行综合设计与制造是提高零件寿命的重要途径。在重型机械装备和低附加值的设备（特别是矿山、冶金设备）上制备抗磨损的高效、低成本的钢铁材料表面厚涂层技术仍然是当前的重要研究课题。

为了提高采煤机截齿的力学性能及服役寿命，针对截齿的工况、材质设计了 Fe-Cr-C-Ni-B-Si-RE 多元铁基材料体系，并对等离子束表面冶金工艺特性进行了深入、系统的研究，分析了不同工艺参数对表面冶金涂层组织、性能的影响。在优化工艺参数的条件下，采用同步送粉等离子束表面冶金技术在 Q235 钢表面制备出质量良好、基本无缺陷、厚度为 3mm 的铁基合金涂层。以流体动力学理论为基础，对等离子束表面冶金熔池的运动特性进行了理论分析，并揭示了等离子束表面冶金过程中涂层形成的机理；并根据等离子束表面冶金的特点，建立了温度场分析模型，对表面冶金过程温度场进行了有限元模拟，模拟计算的结果与实际试验值较吻合。

本书是作者近年来科研成果的总结，其研究得到了国家自然基金项目（51464013）、江西省科技厅重点研发计划项目（20151BBE50002）和江西理工大学青年英才支持计划资助。在本书撰写过程中，参阅了大量的文献资料，引用了部分图片，书后的参考文献仅为其中一部分，在此特对各位文献作者和付出劳动的人们一并表示衷心的感谢。

限于作者水平所限，书中一定存在错误和不妥之处，恳请广大读者批评、指正。

作 者

2017 年 3 月

目　　录

1 绪　论

1.1 应用背景

磨损和腐蚀是机械零部件、工程构件的两大破损形式，所导致的经济损失十分惊人。一些发达国家由于腐蚀和磨损造成的经济损失占 GDP 的 2% ~4%，超过每年各项自然灾害（火灾、风灾及地震等）损失的总和。我国每年腐蚀造成的经济损失占 GDP 的 4% 以上，达数千亿元。

磨损和腐蚀均是材料表面的流失过程，也是疲劳裂纹的起源。采用表面防护措施延缓和控制表面的破坏已成为解决上述问题的有效方法，在解决这些问题的同时，也促进了表面科学和表面技术的形成与发展。随着对结构材料性能要求的提高，一方面不断开发新材料，另一方面研究表面强化技术对现有结构材料表面进行强化。后者促进了表面工程技术的快速发展。表面工程是设计并应用新材料、热处理、表面预处理、表面改性、表面涂层或复合处理技术，以改变材料表面形态、成分、组织结构和应力状态，获得所需要的零件整体性能的系统工程。运用表面工程技术，能够赋予表面耐磨、耐蚀、耐热、耐疲劳、耐辐射以及光、热、磁、电等特殊功能，提升材料的使用价值、延长零部件使用寿命。能直接将高等级涂层材料复合到低等级基体材料零部件表面，形成一种高使用性能的复合材料零部件，来替代整体使用较昂贵材料的零部件，以较低的成本制造出采用其他技术难以制造的产品，是一种节能、节材、环保的新工艺、技术，对于提高零件的使用寿命和可靠性、推动高新技术的发展、节约材料、节约能源、保护环境等具有重要的意义[1]。

目前，钢铁材料仍然是工业生产中的主要结构材料。随着表面工程技术的快速发展，钢铁构件及零部件的使用性能也在不断产生质的飞跃，能够承受越来越恶劣的工况条件。当前工业中应用的钢铁材料表面强化工艺有：喷丸与滚压强化、表面淬火、表面化学热处理、离子注入、涂（镀）层等。上述技术都在一定程度上扩展了钢铁材料的使用性能，发挥了巨大的作用。然而它们又各具一定的局限性，例如：喷丸与滚压强化、表面淬火、表面化学热处理、离子注入等工艺所获得的硬化层较薄，难以适应重载冲击磨粒磨损等场合，且表面强度或耐磨性能提高的范围有限，或在恶劣工作环境中性能产生衰变；涂（镀）层与基体结合不牢固，在疲劳载荷、冲击载荷、冷热循环、磨粒磨损等工作场合易发生疲劳剥落等。另外，实施表面强化工艺有时还会损害材料的其他性能（如产生附加应力促使裂纹源产生）等。各种表面技术在实施过程对环境所产生的污染也是不可忽视的因素，如电镀废水、酸洗废液、喷砂粉尘等，都要投入相当的治理费用。这都需要从系统工程着眼，立足于实际工业需求，将零件力学性能设计、表面性能设计、基体材料选择、加工工艺设计、表面强化技术应用等全面综合系统优化，才能达到事半功倍的效果，这也成为研究开发各种新型表面工程技术的出发点。

表面技术的创新往往来源于学科边缘，因此多学科领域的交叉融合成为材料表面新技术产生和发展的重要研究手段。如激光技术的发展促进了金属材料表面激光快速熔凝、激光熔覆等新技术的诞生与应用，并且随着大功率激光器技术的研究进展，其应用领域正在从航空航天向其他工业部门扩展，但是该技术扩展的速度仍然受到大功率激光装备水平及制造成本的严重制约。又如压缩电弧等离子束技术的发展，促进了等离子喷涂技术的发展和应用，并在许多方面发挥了重大作用，目前已成为工业中获得材料表面厚涂层的重要手段之一。但是喷涂层与基体的结合力是一个十分敏感的应用问题，对表面前处理要求十分严格，这就带来了前处理成本与环境污染问题。此外，喷涂所要求预制雾化合金粉的宽凝固区间和窄粒度分布，以及喷涂过程中高的粉末散失率，也是导致喷涂成本难以降低且材料选择范围受限的本质缺陷。因此上述的厚涂层技术在重型机械装备上特别是矿山设备上的推广应用受到很大阻力。发展耐冲击、抗磨损、防腐蚀、抗氧化的高效、低成本、无污染的钢铁材料表面厚涂层技术仍然是摆在我们面前的重要课题。

激光与等离子束都是高能量束流，在发展钢铁材料表面厚涂层技术中有许多相近的功能，但是后者的低成本和高效率却是前者无法比拟的，更适合于发展高效、低成本的涂层新技术。等离子体是由大量相互作用但仍处在非束缚状态下的带电粒子组成的宏观体系，是和固态、液态、气态同一层次的物质第四态。早在19世纪初从发现、探索气体放电现象开始，人们逐步认识掌握了等离子体技术。特别是20世纪50年代后等离子体技术在气体放电理论与实验不断进步的基础上逐步形成了具有各自特色的发展方向：高温等离子体技术、热等离子体技术、冷等离子体技术。随着大功率电源及其辅助设备的实用化，作为表面工程和材料加工分支的等离子束表面强化和改性已经成为一种非常有效的、成本低廉的材料表面处理技术。

1.2 等离子体特性及其应用

1.2.1 等离子发展简史

等离子体（Plasma）一词来源于希腊语 πλαμα，直译成英语“to mold”，是由电子、离子、原子、分子和自由基等粒子组成的集合体。

1835 年，法拉第（M. Faraday），研究了气体放电基本现象，发现放电管中发光亮与暗的特征区域。

1879 年，克鲁克斯（W. Crookes）提出“物质第四态”来描述气体放电中产生的电离气体。

1902 年，克尼理（A. E. Kenneally）和赫维塞德（O. Heaviside）提出电离层假设，解释短波无线电在天空反射的现象。

1923 年，德拜（P. Debye）提出等离子体屏蔽概念。

1925 年，阿普勒顿（E. V. Appleton）提出电磁波在电离层中传播理论，并划分电离层。

1928 年，朗缪尔（I. Langmuir）提出等离子体集体振荡等重要概念。

1929 年，汤克斯（L. Tonks）与朗缪尔（I. Langmuir）首次提出“Plasma”一词。

1937 年，阿尔芬（H. Alfven）指出等离子体与磁场的相互作用在空间和天文物理学中起重要作用。

1952 年，美国受控热核聚变的“Sherwood”计划开始，英国、法国、苏联也开展了相应的计划。

1958 年，人们发现等离子体物理是受控热核聚变研究的关键，开展广泛的国际合作。

1950～1980 年，受控热核聚变研究和空间等离子体的研究使现代等离子体物理学建立起来。

1980 年起，低温等离子体的广泛应用使等离子体物理与科学达到新的高潮。

1.2.2 等离子体的概念

众所周知，任何物质由于温度不同可以处丁固态、液态或气态。这些状态是指物质的“聚集态”而言，即大块的物体由于构成它的微观粒子之间结合或凝聚程度不同，而表现出不同的存在状态。在固态中，粒子之间的结合最紧密，在液态中次之，在气态中则最松散。要使一个固体转变为液体，需要外界供给能量。当粒子的平均运动能量超过粒子在晶格中的结合能时，晶体的结构就被破坏，固体因而转变为液体。对于液体，也有类似的情形。为了使一种液体转变为气体，每个粒子也必须具有一定的最小动能，以破坏粒子与粒子间的结合键。当物质达到气体以后，如果继续从外界得到能量，达到一定程度，它的粒子又可以进一步分裂为带负电的电子和带正电的离子，即原子或分子发生电离。事实上，在任意不等于零的温度下，气体中必有若干粒子是自然的电离，但数量太少，还不会使气体性质发生质的改变。当有某种自然或人为的原因，使带电粒子浓度超过一定数量以后，气体的行为在许多方面虽然仍与寻常流体相似，但这时中性粒子的作用开始退居次要位置，整个系统将受带电粒子的运动所支配，而表现出一系列新的性质，并可以用外电磁场加以影响。像这样由大量正、负带电粒子和中性粒子组成，呈现宏观中性的系统，通常称为等离子体[2]。从聚集态的顺序上说，它排在第四位，所以也称为物质的第四态。固体、液体、气体、等离子体四种物质状态的比较如图 1-1 所示。

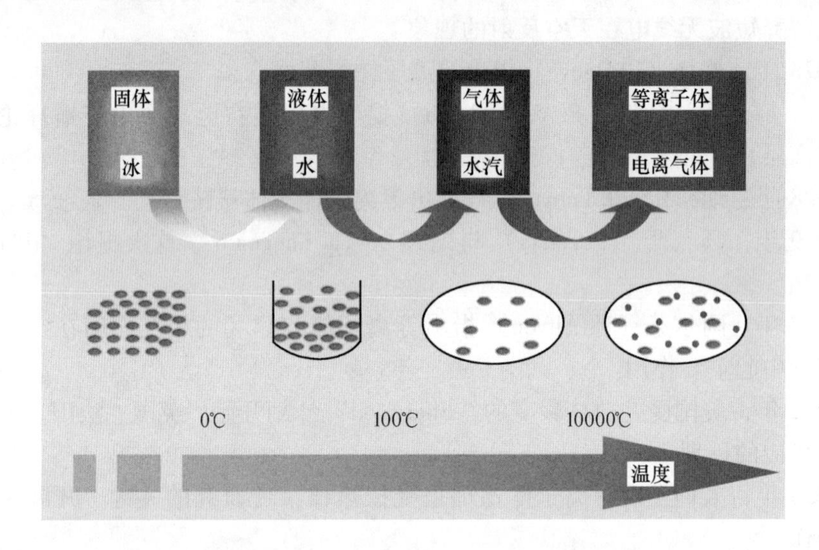

图 1-1 固体、液体、气体、等离子体四种物质状态的比较

1.2.3 等离子体的特性

通常称等离子体是“物质的第四态”，它是由许多可流动的带电粒子组成的体系。通常我们在日常生活中很难接触到等离子体，其原因是在正常情况下物质是以固态、液态及气态形式存在的。实际上，在自然界中99%的物质是以等离子体状态存在的。我们的地球就是被一弱电离的等离子体（即电离层）所包围。在太空中的一些星体及星系就是由等离子体构成的，如太阳就是一氢等离子体球。当然，人们也可以在实验室中采用不同的气体放电方法来产生等离子体。用于材料表面改性或合成新材料的等离子体，一般都是由低气压放电产生的[3]。

等离子体的状态主要取决于它的粒子密度、粒子温度、频率和德拜长度等物理化学参量，其中粒子的密度和温度是等离子体的两个最基本的参量。下面分别对等离子体的主要物理参量进行介绍。

1.2.3.1 等离子体粒子密度

等离子体密度表示单位体积中所含粒子数的多少。一般用 n_i 表示离子的密度，n_e 表示电子的密度，用 N 表示两种异号电荷的粒子中任一种的密度。

设中性粒子密度为 n_0，则等离子体的电离度 $\alpha = n_i/n_0$。在充分电离的等离子体内，电离度趋于1；在弱电离的等离子体内，电离度为一很小的分数。在热力学平衡条件下，电离度仅与等离子体密度和温度有关。

从粒子密度，可以估算出粒子间的平均距离，设：

$$N = n_i + n_e \tag{1-1}$$

显然 N 即为等离子中带电粒子的总和，设想把等离子体中一个单位体积分为 N 个小立方体，则每一个小立方体中平均有一个带电粒子，而小立方体的体积则为 $1/N$，所以，每个粒子间平均距离 d 可视为 $N^{-1/8}$。

应该看到：组成等离子体的带电粒子间存在着库仑力的相互作用。由于库仑力的长程性，可知每一个等离子粒子与大量其他粒子总是相互作用着的，这实际上变成一个多体相互作用问题。可是当讨论等离子体平衡性质时，我们常把问题简化，把等离子体当理想气体来处理。这样近似处理的物理本质是：认为带电粒子的库仑相互作用位能远远小于热运动的动能：

$$\frac{e^2}{4\pi\varepsilon_0 d} \ll KT \tag{1-2}$$

因此，每个粒子几乎是自由的。式（1-2）称为等离子理想气体化条件。满足这个条件的等离子体可以看成理想气体；它在平衡状态下的粒子分布服从玻耳兹曼分布律。

1.2.3.2 等离子体温度

温度是一个重要的热力学量，按照热力学理论，当物质的状态处于热平衡时，才能用一个确定的温度来描述。对等离子体来讲，其热平衡的建立与粒子密度、电离度、温度和外界电磁场等因素有关。因此，等离子体一般不处于热平衡状态中，故用温度来描述等离子体十分困难，这将使温度成为一个不确切的状态参量。然而在科学研究和工程上，又必须经常观察等离子体的温度变化，因此，对等离子体温度有一个全面的认识很必要。

等离子体内，粒子间要经过几天才能碰撞一次，能量交换很难进行，等离子体长期处于远离热平衡的状态。在这种情况下，温度本身就是不确定的，只有在某种假定意义下，才可以谈到温度。

在较高的密度下，等离子体内可能出现局部热平衡状态，这种局部热平衡状态的出现，是由于电子质量和离子质量相差很大，它们间的相互作用可视为完全弹性的，使之碰撞中不易进行能量的传递。如，在有磁场作用的情况下，等离子体可出现两种温度：一是沿着磁场的纵向温度；二是垂直磁场的横向温度，使等离子体具有各向异性的性质。上述情况，称为双温等离子体。

1.2.3.3　等离子体频率

频率是指等离子体的一种电子的集体振荡频率。频率的大小表示了等离子体对电中性破坏反应的快慢。

从能量的观点来看，在振荡过程中，不断地进行着粒子热运动动能和静电位能的转换，最后将由于碰撞阻尼或其他形式的阻尼而把能量耗散，使振荡终止。

这里所讨论的等离子体振荡是静电高频振荡。在一般气体放电条件下，得到的等离子体粒子密度约为每立方米 10^{18} 个粒子，相应的等离子体频率约为 10^{10} Hz，即处于厘米波的范围。受控热核反应所要求的浓度大约为每立方米 10^{20} 个粒子，相当于等离子体频率为 10^{11} Hz。

1.2.3.4　德拜长度

由上面讨论知道，等离子体中由于大量粒子的热运动或者某种扰动的原因，有可能使等离子体内出现局部的偏离电中性；但存在于电荷间的库仑相互作用又使这种偏离尽快得到恢复，故等离子体具有强烈的维持电中性的特性。“维持”与“偏离”这一对矛盾存在于等离子体粒子的整体运动之中。

德拜长度是描述等离子体特性的一个重要物理量。但是，德拜长度仅仅是一个数量级的概念。

1.2.4　等离子体的分类

等离子体的分类，有许多方法，可按等离子体的产生来分类，也可以按气体的电离程度来分类，还可以按温度来分类等。

（1）按等离子体的产生分类。

1）自然等离子体。自然等离子体广泛存在于宇宙中，在宇宙中几乎有99.9%以上的物质是以等离子体状态存在的，如恒星星系、星云，地球附近的闪电、极光、电离层等。在地球上自然等离子体比较少。

2）实验室等离子体。实验室等离子体（指人工产生的等离子体），在日常生活中经常遇到，如日光灯中的放电、霓虹灯中的放电、高速飞行器的尾迹、射频放电、微波放电产生的等离子体、气体激光器中的放电、受控核聚变时产生的高温等离子体、原子弹和氢弹爆炸时产生的高温等离子体、某些化学反应（燃烧）产生的燃气等离子体等。

（2）按等离子体电离程度分类。

1）强电离等离子体，是指几乎所有的分子或原子电离成电子和离子的等离子体。

2）部分电离等离子体，是指部分分子或原子电离成电子和离子，其他为中性分子或原子的等离子体。

3）弱电离等离子体，是指只有少量原子和分子电离成电子和离子的等离子体。

（3）按等离子体的温度分类。

1）高温等离子体，一般指温度为 10^8 ~ 10^9K 的受控核聚变等离子体。

2）低温等离子体，又可分为热平衡等离子体和非热平衡等离子体。热平衡等离子体指等离子体中电子和离子温度几乎相同，一般压力在大气压以上，温度在 2000 ~ 50000K，常指电弧等离子体。非热平衡等离子体是指等离子体中电子温度高于离子温度，一般认为电子温度高于离子温度 10 ~ 100 倍，这种等离子体一般在低气压放电中产生。

1.2.5 等离子体的分类

等离子体的分类有许多方法，可按等离子体的产生来分类，也可以按气体的电离程度来分类，还可以按温度来分类等[4]。

1.2.5.1 热致电离方法分类

热致电离方法是产生等离子体的一种最简单的方法。当气体物质被加热到足够高的温度时，气体中中性粒子热运动加剧，当粒子具有足够高的能量时，它们之间的碰撞就会导致粒子的电离。

在实际应用中，要靠热致电离方法得到电离度很高的等离子体是相当困难的，这是由于除碱金属外，其他元素的电离电位都很高。但试验表明，在有碱金属存在的条件下，通过热致电离方法可以产生具有一定密度的等离子体。例如，使碱金属蒸气与高温金属板接触能生成等离子体。当气体接触到功函数比电离能大的金属则发生电离。碱金属蒸气的电离能小，故容易发生电离，这种技术可以被用于生产磁流体。

通过燃烧使气体发生热电离也是一种利用热致电离方法产生等离子体的方法，火焰中的高能粒子相互碰撞将导致电离。另外，特定的热化学反应所放出的能量也能引起电离。

利用冲击波也能产生等离子体。当冲击波在试验气体通过时，试验气体受绝热压缩产生的高温可以产生等离子体，实质上这也属于热电离方法，称为激波等离子体。

1.2.5.2 气体放电方法分类

工程中最常用的获得等离子体的方法都是靠气体放电过程来完成的。“放电”最早是被用来描述电容器两个极板的放电过程，当两极板之间电压足够高时，其间的气隙发生电击穿，空气被电离并使回路闭合，导致电流的流过。后来，这个术语意义被扩展，用来描述所有气体被电场电离，并导致电流流过的过程。

在实际应用中，放电根据供电电源的不同，可以分为直流气体放电和交流气体放电；根据阴极温度不同，可以分为冷阴极放电和热阴极放电。根据放电时的气压可以分为低气压放电、常压放电和高气压放电。以下简单介绍几种常用的利用气体放电产生等离子体的方法。

A　利用低气压辉光放电产生等离子体

这种方法在离子化学热处理和一些气相沉积方法中得到应用。采用这种技术的关键在于获得放电所需要的低气压，因为在较低气压下产生放电要比在常压下容易得多。

当在一个放电管中对辉光放电的电压进行测量时，可以发现两极间的电压降沿放电管的长度方向并不是均匀分布的。整个电压降可大致分为三个特殊区域，即阴极压降区 U_K；等离子压降区 U_p 和阳极压降区 U_A，且 $U = U_K + U_P + U_A$。其中阴极压降 U_K 比阳极压降 U_A 大得多，占据了整个极间压降的大部分。

辉光放电产生的等离子体是一种冷等离子体。辉光放电又可以分为直流辉光放电、射频辉光放电和微波放电等。下面分别对这几种放电形式作简单介绍。

（1）直流辉光放电，与前面所述的放电管中进行的过程相同，采用直流电源供电，当电源电压高于气体的击穿电压时，气体开始电离，形成辉光放电。这种放电的电压约几百伏，电流约几百个毫安培。直流辉光放电装置结构简单、造价较低，但缺点是电离度较低，且电极容易受到等离子体中带电粒子的轰击，当电极受到带电粒子的轰击后，产生表面原子溅射，溅射出来的原子会对等离子体造成污染。

（2）射频辉光放电，又称为 RF 辉光放电方法，放电的频率一般在兆赫以上，目前工程上常用的一个射频放电频率是 13.56MHz。根据电源耦合方式的不同，射频放电可以分为电容耦合型和电感耦合型；根据电极放置的位置，又可以分为外电极式和内电极式，其中外电极式又称无极式。图 1-2 为外电极式的电容耦合型和电感耦合型放电装置示意图。对于外电极式放电来讲，电容耦合型是将两环形电极以适当间隔匹配在放电管上，或者把电极分别放置在圆筒形放电管的两侧，加在电极上的高频电场能透过玻璃管壁使管内的气体放电形成等离子体。而电感耦合则用绕在放电管上的线圈代替电极，借助于高频磁场在放电管中产生的涡流电场来电离气体。

（3）微波放电，是将微波能量转换为气体分子的内能，使之电离以产生等离子体的一种放电方法。这种方法通常采用波导管或天线将由微波电源产生的微波耦合到放电管内，电子被微波电场加速后，与气体分子发生碰撞并使之电离。

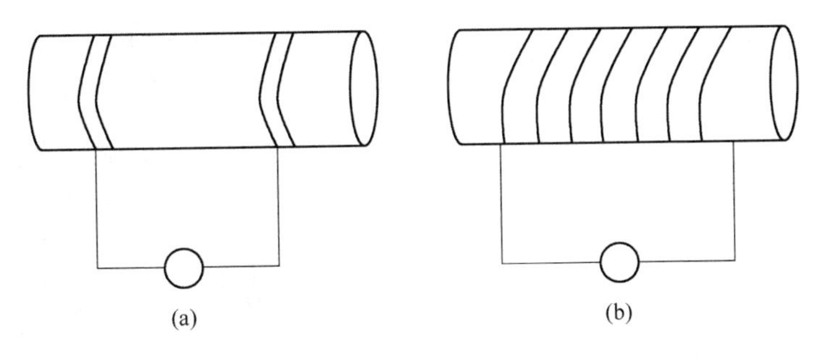

图 1-2 外电极式射频放电装置示意图
（a）电容耦合型；（b）电感耦合型

若微波的输出功率适当，便可以使气体击穿，实现持续放电。这样产生的等离子体称为微波等离子体。图 1-3 所示为微波等离子体放电装置，这种放电装置分为两部分，即放电室和工作室。在放电室中，工作气体中的初始电子在由电流线圈产生的稳恒磁场的作用下，绕磁力线做旋转运动，通过适当地调整磁场的空间分布，使得电子旋转频率在沿放电室的轴向上某一位置与微波的圆频率一致，那么就会产生共振现象，称为电子旋转共振。实际上，磁场沿着轴线是发散的，借助于发散磁场的梯度，可以将放电室中产生的等离子体输送到工作室中以供使用。

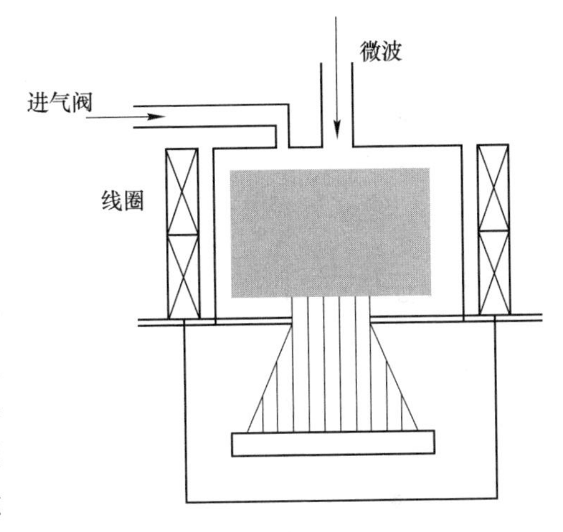

图 1-3 微波等离子体放电装置

B 利用电弧放电产生等离子体

利用电弧放电产生等离子体是材料加工中最常用的产生等离子体的方法。与辉光放电不同，电弧放电时，电流密度很大，电极被大量的高速粒子撞击，因此可以达到很高的温度，有时甚至可以达到材料的沸点。这种技术现在已经被广泛应用在等离子弧喷涂、堆焊、切割、焊接、表面强化、熔炼等材料加工方法中。图 1-4 所示为电弧放电产生等离子体示意图。

C 利用激光产生等离子体

一般认为，激光产生等离子体是光致电离的结果。将具有极高能流密度的激光脉冲，通过透镜聚焦到气体或金属靶上极小的范围内，使气体或金属靶在极短时间内从激光中吸收大量的能量，就可以得到强电离的等离子体，这种技术主要

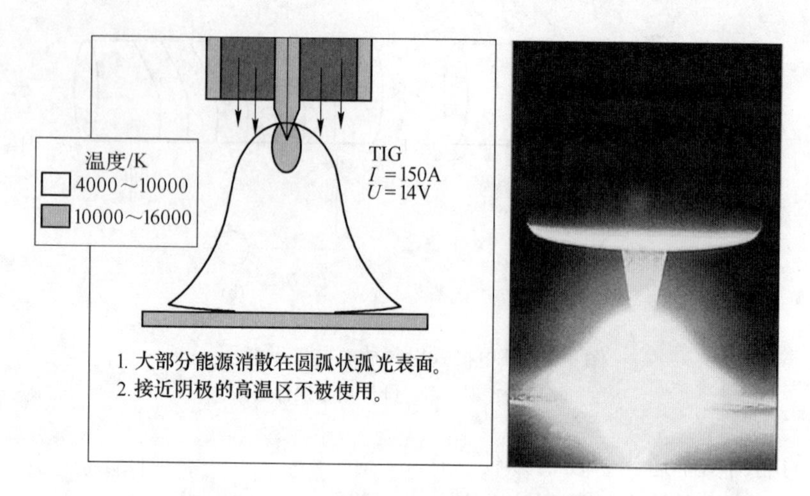

图 1-4　电弧放电产生等离子体示意图

应用于热核聚变实验等领域中。此外，利用射线辐照产生等离子体也是一种利用光致电离产生等离子体的方法，在工程中也获得了应用。

1.3　等离子体在材料中的应用

等离子体自被发现以来，由于等离子体技术有如下优点：(1) 属干式工艺，省能源，无公害，满足节能和环保的需要；(2) 效率高；(3) 对所处理的材料无严格要求，具有普遍适应性；(4) 可处理形状较复杂的材料，材料表面处理的均匀性好；(5) 反应环境温度低，被广泛应用于材料加工，如等离子弧切割、等离子弧焊接、等离子弧喷涂、等离子弧表面淬火、等离子弧熔炼、等离子化学热处理、等离子技术在气相沉积中的应用，等离子技术在医学上的应用，等离子技术在高分子材料上的应用等。

1.3.1　等离子弧切割

等离子弧切割是利用高温等离子电弧的热量使工件切口处的金属局部熔化和蒸发，并借高速等离子的动量排除熔融金属以形成切口的一种加工方法。等离子切割机广泛运用于汽车、机车、压力容器、化工机械、核工业、通用机械、工程机械、钢结构、船舶等各行各业。

等离子弧切割机配合不同的工作气体可以切割各种氧气切割难以切割的金属，尤其是对于不锈钢、碳钢、有色金属（铝、铜、钛、镍）切割效果更佳。其主要优点在于切割厚度不大的金属的时候，等离子弧切割速度快，尤其在切割普通碳素钢薄板时，速度可达氧切割法的 5 ~ 6 倍，切割面光洁、热变形小，几乎没有热影响区。

等离子弧切割机发展到目前，可采用的工作气体（工作气体是等离子弧的导电介质，又是携热体，同时还要排除切口中的熔融金属）对等离子弧的切割特性以及切割质量、速度都有明显的影响。使用水蒸气作工作气体时更加安全、简便、有效、多功能且环保，可对 0.3mm 以上厚度的金属进行热加工处理。常用的等离子弧工作气体有氩气、氢气、氮气、氧气、空气、水蒸气以及某些混合气体。

1.3.2　等离子弧焊接

等离子弧焊接是利用等离子弧作为热源的焊接方法。气体由电弧加热产生离解，在高速通过水冷喷嘴时受到压缩，增大能量密度和离解度，形成等离子弧。它的稳定性、发热量和温度都高于一般电弧，因而具有较大的熔透力和焊接速度。形成等离子弧的气体和它周围的保护气体一般用氩气。根据各种工件的材料性质，也有使用氦气、氮气、氩气或其中两者的混合气体的。

等离子弧焊接具有以下特点：（1）微束等离子弧焊可以焊接箔材和薄板。（2）具有小孔效应，能较好地实现单面焊双面自由成型。（3）等离子弧能量密度大，弧柱温度高，穿透能力强，10～12mm 厚度钢材可不开坡口，能一次焊透双面成型，焊接速度快，生产率高，应力变形小。（4）设备比较复杂，气体耗量大，只宜于室内焊接。

1.3.3　等离子弧表面淬火

等离子弧表面淬火属于一种利用高能流密度热源对材料进行表面热处理的方法。它以等离子弧作为热源对工件表面进行加热，使被加热部位的温度在很短的时间内达到相变温度以上，然后靠工件自身冷却和相变获得所需要的组织，从而获得良好的表面耐磨性和耐腐蚀性。

等离子弧是一种能量密度仅次于激光和电子束的热源，将其用于工件表面淬火有很好的应用前景。这种方法主要有以下几方面的特点：（1）可在所需要的部位对工件进行选择性的表面处理，能量的利用率高，能耗小。（2）加热过程非常迅速，高密度的热流使工件表面能在很短的时间内达到很高的温度，并由表及里形成一个很大的温度梯度，所以一旦停止加热，便能以极快的速度冷却，不需要外加淬火介质，而实现自冷淬火。而且获得的表面硬度也高于常规热处理，如 45 号钢常规热处理硬度为 50～55HRC，经等离子弧淬火后，表面淬硬带硬度可达 60～65HRC。（3）它对金属进行非接触式加热，没有机械应力作用，而且加热和冷却速度快，热应力也小，因此处理后工件的变形较小，可减少或者省去后续处理。（4）设备投资小，生产运行成本低，这也是它能在很多场合下取代激光淬火的最主要的原因。（5）等离子弧表面淬火也存在一些不足，如在淬火过程中，需要控制的参数多，给实现稳定的淬火过程增加了难度。

1.3.4　等离子弧喷涂

等离子弧喷涂技术是继火焰喷涂之后大力发展起来的一种新型多用途的精密喷涂方法，它具有：(1) 超高温特性，便于进行高熔点材料的喷涂。(2) 喷射粒子的速度高、涂层致密、黏结强度高。(3) 由于使用惰性气体作为工作气体，因此喷涂材料不易氧化。等离子弧喷涂作为一种材料表面强化和表面改性的技术，可以使基体表面具有耐磨、耐蚀、耐高温氧化、电绝缘、隔热、防辐射、减磨和密封等性能，在国防、航空、工业、医学等领域发挥着重要的作用。

等离子弧喷涂技术是采用由直流电驱动的等离子电弧作为热源，将陶瓷、合金、金属等材料粉末加热到熔融或半熔融状态，并以高速喷向经过预处理的工件表面而形成附着牢固的表面层的方法。通常等离子弧喷涂系统的主要部分有电源、控制柜、喷涂枪、高频引弧装置、送粉器、冷却装置及供气系统等。

1.3.5　等离子技术在溅射镀膜中的应用

在气体异常辉光放电阶段，辉光区域扩展到整个放电长度上，并且辉光亮度很高，所以可以提供面积较大、分布较为均匀的等离子体区域，它构成了溅射沉积薄膜的最有利条件。在辉光放电等离子体中，由于电子速度和能量远高于离子的速度和能量，会形成所谓的等离子体鞘层，并且存在鞘层电位，其中阴极鞘层电位占了电极间外加电压的大部分。而等离子体鞘层电位的建立，使得到达电极的离子均受到相应的加速而获得相应的能量。因此，经过辉光放电的等离子体区到达阴极表面的离子，具有很高的能量，并对阴极表面产生轰击效应，使得阴极物质的原子、分子被溅射出来，产生所谓的溅射现象。这些被溅射出来的阴极物质（靶材）的原子、分子，带有一定动能，并且沿着一定方向射向衬底表面，形成薄膜，这就是溅射镀膜的基本原理。

溅射法常使用的靶材有纯金属、合金以及各种化合物等。一般来讲，金属与合金的靶材是通过冶炼或粉末冶金的方法制备的，其纯度及致密性较好。化合物靶材多采用粉末热压法制备，其纯度及致密性往往要逊于前者。主要溅射方法可以根据其特征分为以下四种：

(1) 直流溅射。直流溅射构造简单，如最简单的直流二极溅射，靶材作为阴极，基片及其固定架为阳极，被电离的氩离子在电场作用下加速轰击靶材，溅射出的靶材原子沉积到基片表面，生长成薄膜。但直流二极溅射放电不稳定，沉积速度低，溅射参数不能调节。为了提高溅射效率，改善膜层质量，又制成了三极溅射装置和四极溅射装置，但因难以获得大面积分布均匀的等离子体区域，且薄膜的沉积速率较低，因而这些方法未获得广泛应用。

(2) 射频溅射。直流溅射要求溅射靶材必须是导体，因为要求一定的溅射速率，则需要一定的工作电流，导电性较差的非金属靶材要消耗大部分的电压降，则作用在两极间气体的压降变得很小，如果使用直流溅射方法，就需要大幅度地提高它的电源电压，以弥补靶材导电性不足引起的电压降。因此，对于导电性很差的非金属材料的溅射，需要一种新的溅射方法。如果阳极和阴极电位不断变化调换，则阴极溅射可交替地在两电极上发生。当频率超过 50kHz 以后，放电过程出现新的特征：1）在两极之间等离子体中不断振荡运动的电子，可从高频电场中获得足够的能量，并更有效地与气体分子发生碰撞，使后者离化；由电极过程产生的二次电子对维持放电过程的重要性相对下降。因此，射频溅射可以在 1Pa 以下气压下进行，沉积速率也因气体分子散射少而较二极溅射时高。2）高频电场可以经由其他阻抗形式耦合进入沉积室，而不必再要求电极一定是导体。因此，采用高频电源可以使溅射过程摆脱靶材导电性能的限制。国际上常用的射频频率为 13.56MHz，与直流溅射的情况相比，射频溅射法由于可以将能量直接耦合给等离子体中的电子，因而其工作气体压力和对应的靶电压较低。

（3）磁控溅射。一般的溅射法可被用于制备金属、半导体、绝缘体等多材料，且具有设备简单、易于控制、镀膜面积大和附着力强等优点，而 20 世纪 70 年代发展起来的磁控溅射法更是实现了高速、低温、低损伤。因为是在低气压下进行高速溅射，必须有效地提高气体的离化率。磁控溅射通过在靶阴极表面引入磁场，利用磁场对带电粒子的约束来提高等离子体密度以增加溅射率。磁控溅射的工作原理是指电子在电场 E 的作用下，在飞向基片过程中与氩原子发生碰撞，使其电离产生出 Ar 正离子和新的电子；新电子飞向基片，Ar 离子在电场作用下加速飞向阴极靶，并以高能量轰击靶表面，使靶材发生溅射。在溅射粒子中，中性的靶原子或分子沉积在基片上形成薄膜，而产生的二次电子会受到电场和磁场作用，产生 E（电场）$\times B$（磁场）所指的方向漂移，简称 $E\times B$ 漂移，其运动轨迹近似于一条摆线。若为环形磁场，则电子就以近似摆线形式在靶表面做圆周运动，它们的运动路径不仅很长，而且被束缚在靠近靶表面的等离子体区域内，并且在该区域中电离出大量的 Ar 来轰击靶材，从而实现了高的沉积速率。随着碰撞次数的增加，二次电子的能量消耗殆尽，逐渐远离靶表面，并在电场 E 的作用下最终沉积在基片上。由于该电子的能量很低，传递给基片的能量很小，致使基片温升较低。

（4）反应溅射。制备化合物薄膜时，可以考虑直接使用化合物作为溅射的靶材。但是，一般化合物较硬而脆，不易加工成靶材形状。利用粉末冶金办法烧结成型，成本较高。并且化合物的溅射有时会发生沉积，得到的薄膜往往在化学成分上与靶材有很大差别，电负性较强的元素的含量一般会低于化合物中正常的化学计量比。如果采用金属或合金作为溅射靶材，在工作中混入适量的活性气体如 O_2、N_2、NH_3、CH_4 等，使金属原子与活性气体分解的原子（离子）在沉积的同时生成所需化合物。一般认为，化合物是沉积过程中在衬底表面发生化学反应而形成的，这种在沉积同时形成化合物的溅射技术称为反应溅射。利用这种方法可以制备氧化物、碳化物、氮化物以及复合碳氮化合物 Ti(CN)、复合氮化物(Ti, Al)N 等。

等离子技术经过几十年的发展已经取得了相当的成果，也获得了可观的经济效益和社会效益。从无机材料到有机材料、高分子材料，从建筑材料到医学、航空航天材料，等离子技术在各个方面的应用也是不断地被发掘出来。但对等离子设备的智能化、喷涂工艺的优化、涂层的评估、涂层的寿命预测以及功能涂层方面的研究还远远不能满足科技发展的需求，对其他领域的探索还远远不够，所以今后等离子技术的发展与应用仍是时代的热门。

参 考 文 献

[1] 高万振，等．表面耐磨损与摩擦学材料设计［M］．北京：化学工业出版社，2014.

[2] 金佑民，樊友三．低温等离子体物理基础［M］．北京：清华大学出版社，1983：20～26.

[3] 黄拿灿，王桂棠，胡社军，等．等离子表面改性技术及其在模具中的应用［J］．金属热处理，1998，23（7）：30～33.

[4] 潘应君，周磊，王蕾．等离子体在材料中的应用［M］．武汉：湖北科学技术出版社，2003：10～18.

2 等离子束表面冶金设备研究

在前期对等离子束表面淬火和等离子多元合金共渗研究的基础上，充分认识到了发展等离子束表面冶金技术的关键是要充分发挥等离子束流作为冶金热源的潜在优势，具体表现为以下主要特征：

（1）能量高度集中，加热速度极快。等离子束流能量高度集中，这对实现表面快速冶金是十分有利的。气体进入电弧的瞬间即成为离子态，反之一旦离开，离子马上复合成原子、分子，放出大量的热，获得常规冶金过程中所无法实现的高温。

（2）具有高的电热转换效率和传热效率。与非转移弧相比，等离子体转移弧的焓值更高。

（3）良好的可控性。转移型压缩电弧等离子束流具有良好的稳定性和指向性。

（4）氩气对熔体有良好的保护作用。

（5）在高温等离子束流作用下 S、P、Pb、Sb、Be、Sn、As 等杂质易挥发。

等离子束表面冶金技术的工艺技术要求是：按照被强化部件的预定耐磨部位设定表面冶金程序，一次装夹定位，连续化工业生产，等离子弧的起灭与送粉、停粉严格同步，粉末利用率接近 100%；处理效率高，基体受热少、变形小；可在一般机械加工车间内布置生产，无需复杂的前后处理；整个生产过程噪声小，无污染排放，工人劳动强度小。

等离子束表面冶金技术的经济指标要求是：直接生产成本和辅助成本总和低于等离子喷涂喷焊与耐磨堆焊，总体经济效益明显高于等离子喷涂与耐磨堆焊。

2.1 等离子束表面冶金技术的基本原理

等离子束表面冶金技术除了可以直接获得快速凝固组织特征和特殊物理化学及力学性能的表面材料外，还可以很灵活方便地向熔池中加入合金元素而改变熔化层材料的化学成分，通过元素或化合物间的化学反应“原位合成”制备出成分、组织及性能完全不同于基材的表面冶金涂层。由于在材料表面熔化过程快速、灵活、能量转换率高，过程容易实现自动化，因此，等离子束表面冶金应用基础研究与应用研究进展迅速。

图 2-1 所示为等离子束表面冶金原理示意图。其基本原理是：在按照程序轨

迹运行的转移弧等离子束流的高温下，金属零件表面依次形成与等离子束截面尺寸相近且有一定深度的熔池，然后将物理混合搅拌均匀的混合粉末或者预先冶炼喷雾而成的合金粉末注入到熔池中，粉末吸收熔池的热量迅速熔化，与熔池金属混合扩散反应，随着等离子束的向前移动，新的熔池不断生成，而后面的熔池迅速凝固，形成与基体金属之间存在冶金过渡层且成分与基体完全不同的高合金或伪合金涂层。等离子束表面冶金在本质上是一种快速非平衡冶金反应过程，类似粉末冶金。原则上可不受组成物的相溶性、熔点、密度等性质的限制，可利用任意粉末的任意配比，获得通常冶金方法不能得到的合金层，即被处理的材料在冶金反应前后是 A→B 或 A + B→C 或 A + B→C + D 等（当然也包括 A→A 或 A + B→A + B）。因此所有符合平衡冶金学规则、适用于等离子喷涂/喷焊、堆焊系统的预制合金雾化粉的种类远远不能满足等离子束表面冶金研究和应用的需要，这就对等离子束表面冶金设备与现有各种制粉方法的适应性提出了更高的要求[1]。

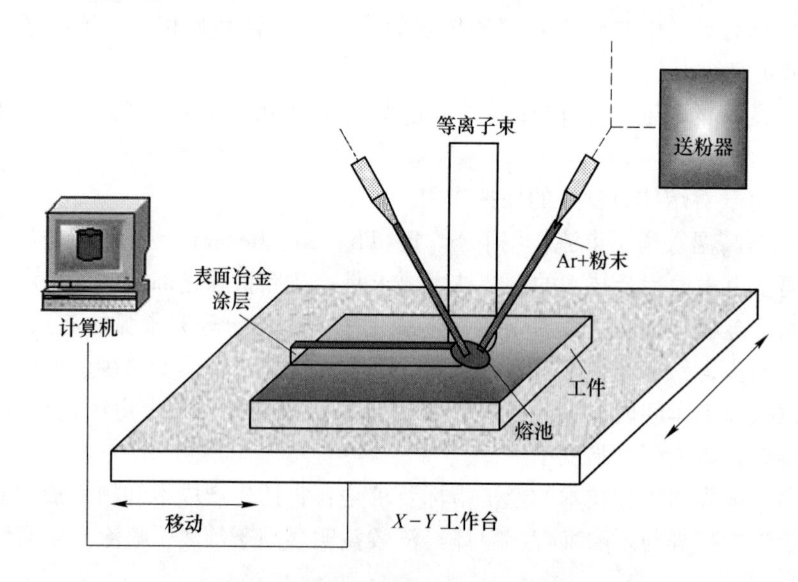

图 2-1　等离子束表面冶金原理示意图

2.1.1　等离子束表面冶金工艺属性

等离子束表面冶金技术从非平衡快速冶金原理上对冶金用粉末材料不加任何限制，即不受组成物的相溶性、熔点、熔凝温度区间、粒度、粉末形状、密度差异、是否有放热反应等限制，原则上可利用任意粉末的任意配比同步送入熔池，在很大的穿透加热和很高的冷却速度条件下获得通常冶金方法不能得到的合金涂层。

2.1.1.1 等离子束表面冶金与激光熔覆的比较

激光熔覆从20世纪70年代末提出，随着大功率CO_2激光器的研制成功，这项技术被引入金属表面改性领域。它是以激光束作为热源，适当离焦后辐照预置或输送到基体表面上的合金粉末，使之快速熔融，从而在普通材料的基体上得到各种性能的涂层。由于激光加热的特殊性使得相同材质的涂层组织及性能变动范围很宽，因而引起了广大科技工作者的极大兴趣。它易于实现热输入量的精确控制，保证优良的合金层表面质量，应用领域从航空航天向其他工业部门快速扩展。如王华明等人[2~4]针对高推比航空发动机研制及现役航空发动机改型的需要，采用激光熔覆技术在铁基及镍基高温合金表面上，制得了以NiCr镍基高温合金固溶体为基体、以Cr_7C_3高硬度碳化物为高温耐磨相、以CaF_2/BaF_2共晶为高温自润滑相、以金属Ag为中低温自润滑相的快速凝固高温自润滑金属基耐磨复合材料涂层，该涂层已在我国某航空发动机高压压气机丝刷密封耐磨跑道上进行了初步激光熔覆工艺及应用试验。但是由于其昂贵的使用成本和大功率激光器的技术封锁以及材料表面对激光的高反射系数等因素，而严重制约着它在工业生产中（如在矿山机械、冶金机械）的推广应用。

等离子束的能量介于激光和电弧之间，它比普通电弧更稳定、易于控制、热效率高，容易实现大规模自动化生产。它又不像激光发生器设备价格昂贵、操作困难、需要特殊的防护。等离子束的气源可以采用氩气，氩气是单原子气体，电离电压很低，从而使设备大为简化。同时氩气又是惰性气体，表面冶金过程中可以作为保护气，不必另加保护气体，这也使设备进一步简化。由于经等离子炬产生的等离子束的中心温度也在10000℃以上，通过调整等离子炬距离试样的距离，完全可以获得适用的温度，进而制备所需的涂层。表2-1为等离子束表面冶金与激光熔覆技术比较[5]。

表2-1 等离子束表面冶金与激光熔覆技术比较

指　标	等离子束表面冶金	激 光 熔 覆
涂层内在质量	较均匀致密，有烧蚀	均匀致密，有烧蚀
涂层表观质量	较平整	平整
涂层效率	高	低
涂层材料消耗	低	低
设备输出功率	大	小
能量转换效率	高	低
设备造价	低	高
操作环境	一般机械车间	专用密封无尘车间

续表 2-1

指　　标	等离子束表面冶金	激 光 熔 覆
维护成本	低	高
应用范围	各工业领域	高附加值领域
发展前景	很大	大
现存主要问题	功率密度的精确控制	功率低效率低
解决途径	进一步改进等离子炬	研制大功率高效激光器

2.1.1.2 等离子束表面冶金与等离子喷涂/喷焊的比较

等离子喷涂/喷焊是获得材料表面功能涂层的有效手段，也广泛应用于工程（结构）涂层。等离子喷涂的原理是：气体进入电极腔内，被电弧加热离解并电离形成等离子体，通过喷嘴时急剧膨胀形成亚声速或超声速的等离子流；先驱母体被加热熔化，有时还与等离子体发生复杂的化学反应，随后被雾化成细小的熔滴，喷射到基体上，快速冷却固结，形成沉积层。等离子喷涂是集熔化－雾化－快淬－固结等工艺于一体的粉末固结方法，形成的组织较致密，晶粒细小。在等离子喷涂涂层中，最终的沉积层厚度通常小于1mm，典型的为400～800μm，不适宜用来制备较厚的涂层。

等离子喷涂采用专用的小粒度分布范围的预制雾化金属、合金或陶瓷粉末，成分选择及配比要求严格，而等离子束表面冶金则仅需将物理混合搅拌均匀的混合粉末注入到熔池中即可。等离子喷涂涂层组织一般呈叠片状，与基体主要呈机械嵌合，仅有少量焊合，因此需对基体表面进行严格的前处理，并在喷涂中要求有高的喷射速率，因而在前处理和喷涂中污染、噪声和粉末散失很大，而在等离子束表面冶金中就不存在此要求和此种现象[6~8]。等离子喷涂的放电方式与等离子束表面冶金不同，为非转移弧放电，其优点是不受基体形状和导电性的影响，缺点是热效率低，大量的热量被喷嘴的冷却水带走，喷嘴烧蚀快。等离子喷焊是在喷涂基础上的重熔，无本质上的区别，与熔覆过程相似。如果将等离子喷焊的主要放电方式改造成转移弧，则在原理上就与等离子束表面冶金相近了，但在工业生产中对送粉要求是大不相同的。其原因是：喷涂对象一般是连续、连贯或大面积均匀的，工作过程中不要求频繁中断和起动，对送粉和等离子弧的同步开关要求不十分严格，而等离子束表面冶金对象一般是机械零部件上某一或某些局部耐磨部位，连续化工业生产过程要求按照程序一次装夹完成，期间需要多次频繁起弧灭弧，如果起弧时送粉滞后或灭弧后停粉滞后，则会产生大量的熔蚀坑及合金粉末的散失，这是不允许的，也是用户所不能接受的。因此等离子束表面冶金中送粉和弧的起灭要严格同步，粉末喷射速率也不能太高。

2.1.1.3 等离子束表面冶金与耐磨焊条堆焊的比较

耐磨焊条堆焊的合金焊条或焊丝作为熔化极比基体金属熔化快得多，尽管其稀释率比熔覆要高，但仍远低于等离子束表面冶金，堆焊层成分主要是焊条成分。另外焊条制造工艺限制了其成分的任意配比，因此可供选择的成分范围要比等离子束表面冶金小得多[9,10]。

另外，等离子束表面冶金的技术优势还在于：（1）生产效率高，不需要对金属零件表面进行喷砂、酸洗等处理；（2）粉末利用率大于90%；（3）能量转化率高；（4）与零件基体呈冶金结合，可承受剧烈冲击；（5）表面冶金复合涂层厚度可达到0.5～5mm。但是，等离子束表面冶金涂层常出现开裂和与基体强韧性不匹配等问题。鉴于此，有必要针对等离子束表面冶金工艺自身的特点，合理选择、设计表面冶金涂层材料。显然，这些问题的解决需要从等离子束表面冶金过程的本质特征和被强化零件的服役环境等方面综合考虑，开展系统的研究。

2.1.2 等离子束表面冶金快速凝固特征属性

在等离子束表面冶金工艺中，高能密度等离子束在材料表层形成瞬间熔池，热量则自基体材料迅速传走，在材料表面形成一个快速移动的温度场，从而实现了快速凝固。此时熔体的过冷度非常大，凝固界面远远偏离平衡状态，溶质元素的截流不断发生，最后演化成完全无扩散、无偏析的快速凝固组织。随着等离子束的移动，熔体过冷的不断加大，材料表层组织结构将发生某些全新的变化，主要有熔区内的固溶扩展、生成基本无偏析的细晶组织、形成新的亚稳定相、高密度晶体缺陷、非晶态合金等。上述组织具有远远高于常规材料的优异使用性能，正逐渐成为材料科学研究中很有前途的方向。

等离子束表面冶金过程中的几个主要参数为等离子束功率 P、工作电流 I、工作电压 U、扫描速度 v、材料的导热系数 η、材料厚度 h（基材厚度和涂层厚度）等，它们之间的关系可以表达为：

$$\delta \propto P/(\eta v h) \tag{2-1}$$

式中，δ 为熔池表面的恒温线间的距离，它表明了熔池表面的温度梯度大小。显然，导热系数的大小与材料厚度 h 均对熔池的温度梯度产生重要的影响。在等离子束表面冶金生产中所采用的涂层材料通常为合金粉末，其导热性相对是比较差的，因而以大的等离子束功率来获得较大的 δ 值是适宜的。等离子束表面冶金凝固组织是在极高的温度梯度作用下形成的，界面温度较高的相和形态结构在动力学上较为稳定，因此凝固界面温度可以作为等离子束表面冶金快速凝固过程中相和形态选择的动力学判据。

快速凝固就是指在凝固过程中，满足如下条件而获得足够高的冷却速度的凝

固技术:

（1）在理想冷却过程中，凝固冷速 ε 与截面厚度 μ(mm) 满足[11]：

$$\varepsilon = 10^4 \mu^{-2} \tag{2-2}$$

（2）通过增大液态合金表面积，以便最大限度地增加熔体与冷介质之间的接触来迅速散热。材料的成分特性对动态凝固有较大的影响，对表面冶金涂层质量的好坏也有重要的影响。在等离子束作用下的动态凝固，主要取决于熔池的液相金属成分、结晶参数和熔池的几何特征等因素，微观组织取决于合金的组成、凝固过程的温度梯度和生长速度。另外，非均匀形核也对熔池的凝固起着重要的作用，它是依附在熔池中的杂质等悬浮质点或熔池中、熔池边界的半熔化的合金材料晶粒表面上形核的[12]。

2.1.3 等离子束表面冶金工艺参数的选择

由于等离子束表面冶金是一个极其复杂的物理冶金过程，影响表面冶金涂层质量的因素很多，如图 2-2 所示。因此，在进行等离子束表面冶金时，必须根据不同表面冶金涂层材料和厚度，合理选择工艺参数，以获得高质量的表面冶金涂层。

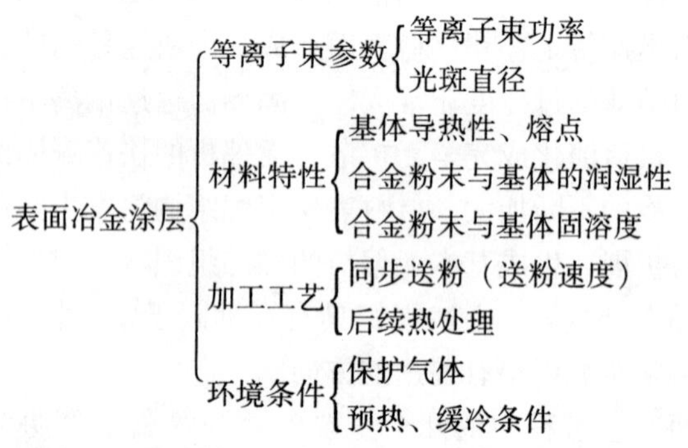

图 2-2 影响等离子束表面冶金涂层质量的因素

2.2 等离子束表面冶金设备

等离子束表面冶金设备由等离子电源、等离子炬、送粉系统、机床、控制系统、冷却系统等组成，其核心部件为专用的送粉器和等离子炬，其基本要求是能够稳定、可控地定量送入不同粉体颗粒形状、不同密度、宽粒度分布的任意混合粉末，能够稳定地在大气环境中产生束流截面功率密度分布较为均匀的等离子束。为了达到表面冶金的需求，需要设计制造不同于目前等离子喷涂原理的专用设备，其中最关键的是表面冶金送粉器和表面冶金等离子炬。

图 2-3 所示为等离子束表面冶金设备的系统构成示意图。下面简要介绍各个组成部分：

（1）专用电源。它是等离子束表面冶金涂层制备的主要能量供给部件；要求功率大、输出电流可调、电流平稳、起弧性能好、具有高的安全性和适用性。

（2）等离子炬（等离子发生器）。它是实现等离子束表面冶金的核心部件，其质量直接影响了表面冶金涂层的质量。炬中汇集了水、电、气、粉各种管路，通过它产生具有一定压缩特性的等离子束流，熔化基体材料及注入粉末材料。

（3）送粉系统。送粉系统实现等离子熔覆专用粉末的实时、平稳送进，保证表面冶金过程的正常进行。

（4）冷却系统。冷却系统由水泵和输水管道所组成。它的作用是把表面冶金系统所产生的热量带走，以保证系统能够正常稳定地工作。采用高效强制水冷循环系统，为等离子发生器提供强劲的冷却，保证系统长时间稳定运行。

（5）机械传动、控制系统。机械传动、控制系统实现等离子炬中电、气、粉以及运动的有序控制。

（6）供气系统。供气系统由气体钢瓶、流量计以及气体输送管路所组成，它的作用是提供等离子体发生器工作时所需的气体，并控制等离子熔覆设备所需的气体流量和配比。

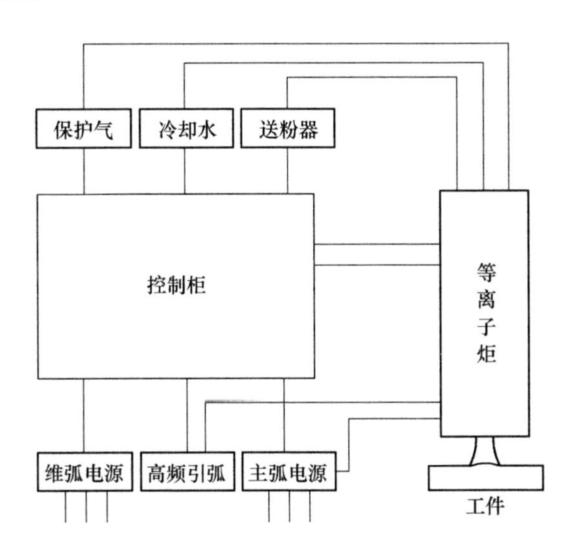

图 2-3　等离子束表面冶金设备的系统构成示意图

2.2.1　等离子束表面冶金设备中电源的选择

电弧等离子体系统的能量传递途径为电网→电源→等离子炬→等离子束。等离子束表面冶金使用的是转移型等离子弧，工作过程需要较大电流，并且为了防止熔池对等离子炬的热辐射及飞溅损伤，等离子炬的中心阴极及压缩喷嘴不能距离熔池太近，这就要求电源有较高的空载电压，以防止距离过大时电弧自动熄灭。另外，等离子束表面冶金是按照程序设定的轨迹和速度自动进行的，需要频繁地起弧、灭弧，而且起弧的可靠性必须保证100%，否则会严重影响工作效率，浪费合金粉末。

提高等离子炬起弧可靠性的因素主要有四个：（1）等离子电源有高的空载电压；（2）等离子电源有高的起弧电压和振荡频率；（3）使用易于电离的单原子气体；（4）适当的气体流量和压缩比。单从起弧可靠性上来讲，等离子电源的空载电压越高越好，但是由此带来的问题是电源输出效率急剧下降，也就是说在同样输出功率的条件下，电源的容量和体积将十分庞大，不仅造价高昂，使用成本也迅速增大。基于上述考虑，将等离子电源的空载电压适当提高至220V，在以后的实验和工业应用实践中表明，这一空载电压的选择是恰当的。同时，等离子束表面冶金工艺要求等离子电源在高的稳态工作电流时有100%的暂载率。然而过高的稳态工作电流也会大大增加电源体积和制造成本，给用户配电带来过高要求，影响等离子束表面冶金技术的推广应用。

用于等离子行业的电源有以下三种：

（1）磁放大器硅整流电源及可控硅电源。磁放大器式硅整流电源具有结构简单、使用可靠、电流调节方便的优点，是目前国内广泛使用的一种电源。这种电源主要由三相降压变压器、三相磁饱和电抗器、三相桥式硅整流器组、输出电抗器、冷却风扇和控制电路等部分组成。

（2）晶闸管整流电源。这种电源具有起弧平稳、输出电流稳定、耗电少等优点。它的陡降外的特性是通过电流负反馈调节系统来实现的。与磁放大硅整流电源相比，晶闸管整流电源省去了磁饱和电抗器，节省了大量的硅钢片和铜材，使整个电源具有体积小、质量轻、效率高、成本低等优点。

（3）直流发电机电源。直流发电机电源作为等离子电源时必须在电路中串接一电阻才能使电源具有陡降外特性。由于串联了电阻，增加了功率消耗，同时直流发电机的陡降特性较差，影响到了工艺参数的稳定性，在实际中应用较少。

目前常用的等离子电源主要有硅整流和逆变式电源。

逆变电源由于体积小、重量轻、高效节能、控制性能好，成为当前电源发展的主要方向。国内小功率逆变等离子电源目前已基本成熟，价格也已降到可接受的水平，唯一的缺点就是维修复杂、成本相对较高。

硅整流式等离子电源具有以下优点：（1）易于改造和维修，成本低；（2）易于提升空载电压和稳态工作电流，工作过程稳定、可靠；（3）对使用环境不存在过高要求；（4）有较高的功率因数。但是硅整流式电源耗电量比较大，容易造成电量浪费，因此目前应用得较多的是逆变式电源，而不是硅整流式电源。

通过比较，选择了逆变式电源作为等离子束表面冶金设备的电源供给，它主要包括以下主要电路：

（1）主电路。主电路由3相380V电网输入，经主接触器和主变压器T、RC网络三相桥式硅整流桥整流和RC网络阻容保护、滤波电路等环节，给等离子熔覆设备提供220V左右的直流空载电压。

（2）引弧电路。引弧电路由高漏抗变压器和升压变压器、高频电容、高频振荡流圈和火花发生器组成高频振荡器，通过耦合变压器和中间继电器触点将高频加到电极和喷嘴之间实现引弧（产生3kV左右的高压脉冲，击穿气隙从而使电弧引燃）。

（3）控制电路。控制电路实现对整个电源的控制，完成等离子束表面冶金工艺过程。控制电源依次打开冷却水泵、气阀、主电源、行走机构、送粉机构等，发出引弧命令后（已选好加工程序），相关主接触器和中间继电器触点吸合，三相380V电压经主电路为等离子熔覆设备提供空载电压，接通高频引弧电路，在电极和喷嘴间开始引弧。引弧成功后，喷嘴喷出焰流立即将等离子弧转移到工件上，开始进行表面冶金过程。当等离子电弧建立后，电源工作电压下降到45V左右。这时，通过切换电路切断高频引弧电路。

等离子电源的成功选择与改造仅仅是等离子束表面冶金设备研制的第一步，能否实现等离子电源的正常工作，还需设计与电源相匹配的等离子束表面冶金专用设备的等离子炬。

2.2.2　等离子炬的研究

等离子炬是指能产生稳定的等离子束流，将电能转化为热能的装置。其工作原理是将气体从阴极吹入喷嘴入口，在阴阳两极之间放电，产生高温、高压的膨胀气流，然后气流经喷嘴压缩后高速喷出，形成高温、高速的等离子射流，作用于机加工表面。切割与喷涂主要是利用它的高温、高速束流特性，即需要高速喷射的“硬”等离子弧。而等离子束表面冶金则需要较低喷射速度的柔性弧。设计并研制具有大功率、长寿命、高效率的等离子炬，是继等离子束表面冶金设备中电源的研制之后的又一项重要任务。

等离子炬的性能在很大程度上决定了等离子束表面冶金工艺的稳定性及表面冶金涂层的质量，所以，等离子炬的研制、合理设计及结构优化，对提高其使用性能及工作寿命，以及等离子束表面冶金工艺的稳定性具有重要的实际应用意义。

基于上述等离子束表面冶金的技术特征，对设备专用等离子炬的优化设计提出如下原则：

（1）将处于轴心的等离子束流与周围冷空气隔绝，提高等离子弧的稳定性，并且避免同步注入粉末中的合金元素的氧化烧损。

（2）获得沿弧柱径向温度分布较为平缓的柔性等离子束，以减小表面冶金的不均匀性和对熔池的冲刷力。

(3) 提高粉末的汇聚程度以及粉末熔化的均匀性，提高粉末的利用率，避免合金元素的过热烧蚀与熔化不足，提高表面冶金涂层的内外在质量。

(4) 提高等离子炬连续工作的稳定性、可靠性及其寿命，从而提高等离子熔覆工艺的稳定性和热效率。

根据以上设计原则，针对煤矿设备中复合板的苛刻的工作条件，对等离子熔覆耐磨复合板设备专用等离子炬进行了系统的研究工作，主要的研究工作及其结果如下：

(1) 等离子炬阴极采用铈钨合金，使得阴极具有较低的电子逸出功和较强的电子发射能力。发射电极嵌装在导热性良好的铜座中心，可以方便地拆装更换。阴极采用冷却水强制冷却。

(2) 同步送粉等离子炬设计了三条通道：等离子束流通道、粉末流通道、外层保护气流通道。对阴极加强冷却，使阴极斑点减小，产生较大的阴极射流，既能防止束流的横向摆动，又能保证阴极斑点稳定在阴极杆的端部，从而起到稳定电弧的作用。这样就可以在不改变气体流速和流量的条件下，通过减小钨极头与喷嘴之间的距离，来减小气体通道的空间大小，则可相应提高气体流过钨极的速度，那么气体的流速增加既加强了对阴极的冷却，也加强了气体对阴极端部电弧的压缩，使得电弧直径变小，阴极射流的效果便随之增强，这既能起到稳定电弧的作用，增大等离子束流的速度，同时利用阴极射流汇聚粉末流，可以提高粉末的利用率。另外，采用壁稳弧以水冷通道壁或用喷嘴限制和压缩电弧弧柱，对电弧起到稳定的作用。

壁稳弧效应来自于：

1) 热收缩效应。紫铜喷嘴具有良好的导热性，由于受到水冷，通道壁面温度很低，气体连续地流过通道，靠近壁面的气体冷却，形成很薄的冷气流层（冷气壁），由于这一冷气壁温度低、电离度低，几乎不能使电流通过，从而迫使电弧电流向电离度高的中心部位流过，即使得电弧向其中心部位压缩。这种因气体电学性能在不同温度存在巨大差异而引起的电弧压缩称为热收缩效应。显然通道壁面的冷却效果、气流量的大小以及通过方式等，都将影响热收缩效应的强弱。

2) 机械压缩效应。等离子束流周围的冷气壁依附在喷嘴孔道壁面上，因此喷嘴孔径大小就基本确定了环形冷气壁的直径，也就相应确定了等离子束流的粗细，这就是通过机械的几何尺寸对电弧进行强行压缩。显然，喷嘴孔径越小、孔道越长，对电弧的压缩越明显。

(3) 等离子束流是高温流体，符合热流体力学的各种规律。高温流体与周围的物质存在热泳效应，使得冷气流或冷粉末很难进入束流或高温区。采取的措施是：在保证束流稳定的前提下，尽量减小束流截面温度梯度。具体做法是：在等离子炬喷嘴孔周围增加了一个与之同心的环状狭缝，氩气由进气管进入到均气环槽均压后，通过环状狭缝高速向下吹出，形成高速流动的圆环状气套，将处于中心的等离子束与周围的大气隔绝，更重要的是产生了中心负压区。在隔绝了大气的负压环境中，等离子束流会沿径向自动扩展，其结果是改变了等离子束流截面的功率密度分布，将原来高度压缩、内外温差剧烈变化的弧柱，变为适当扩束并且沿弧柱径向温度分布较为平缓的柔性等离子束流，负压环境也减小了弧柱放电电压，从而提高了等离子束流的稳定性。高速流动的环状气套还有助于喷嘴和冶金涂层的冷却、提高喷嘴的使用寿命并减小工件的变形。

上述措施有效地提高了合金粉末与等离子束流的混合均匀性，从而提高了粉末熔化的均匀性，减少了粉末的热绕流散失，提高了粉末的利用率，同时也避免了由于粉末加热不均带来的合金元素的过热烧蚀与熔化不足的现象，使得冶金涂层内的过热组织与未熔颗粒夹杂等缺陷明显减少，提高了冶金涂层的内外在质量。提高等离子炬输出热效率的措施是：将阴极杆的尖端下移，减少钨极对等离子炬的辐射热效应，还可适当增加等离子炬与零件表面之间的距离，降低因熔池热辐射造成的喷嘴端部温度过高，避免喷嘴堵粉或损坏，提高了等离子炬连续工作的可靠性和寿命。

图 2-4 为等离子炬实物图及剖面图。等离子炬由阴极座、引弧阳极座和绝缘部分组成。阴极座用来固定和安装钨电极，连接水、电源负极、离子气等；阳极座固定和安装喷嘴，并构成喷嘴的水冷空腔，连接水、引弧阳极和送粉通道；绝缘体保证上下两部分的绝缘，并保证同轴度。

(a)

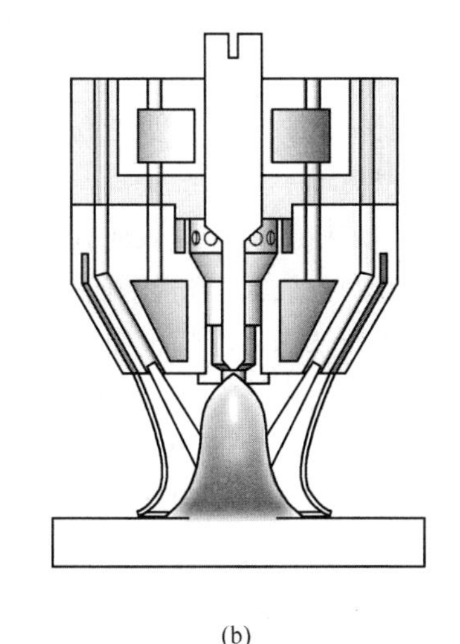

(b)

图 2-4 等离子炬实物图及剖面图

(a) 实物图；(b) 剖面图

2.2.3　送粉器的研究

近年来，基于高能密度热源（激光束、电子束、等离子束等）的粉末表面改性技术与工艺的研究在国内外十分活跃。与棒状和线状材料的成分可调性差、应用不够灵活相比，粉末材料的优势在于成分可调，对表面涂层的形状、稀释程度、质量的可控性较好。

粉末的引入方式有预置粉末法和同步送粉法。预置法是采用热喷涂、电镀、直接粘接、松散铺展等方式，将粉末材料预先粘接在基体表面。其优点是经济方便，不受材料限制，工艺简单，操作灵活，主要针对细粉末和陶瓷粉末。预置式粉末法典型的加热过程决定了该工艺必然存在着先天不足，如加热过程中存在粉末材料的烧损、飞溅等损失。采用粘接法时表现得更为显著，涂层易出现气孔、变形、开裂、夹渣等现象。当预置粉末层较厚时，容易出现基材熔化不足或不熔化，导致涂层与基材的结合质量下降；另外，采用预置法在获得多层熔覆层时难以实现自动化，降低了生产效率。

而同步送粉法是在等离子束流辐射基体表面的同时，由送粉器连续地送入粉末材料，在保护气氛条件下，基体与粉末材料同时被加热，经快速熔化、扩散、冶金反应，随后快速凝固，实现界面的冶金结合。同步送粉法最显著的特征是等离子束流、粉末材料和基材在动态下相互作用，工艺要求所需的最小比能小于预置涂层法，从而大大提高了能量利用率。同时，可通过调节粉末流速、粉末喷嘴与待加工机件表面的距离等参数，实现与其他工艺参数的良好匹配。因此，采用同步送粉技术能够保证粉末与基材同时吸收高能束能量，既可提高表面处理效率和涂层与基材的结合强度，又可实现自动化连续生产，从而达到提高涂层的质量和生产效率的目标。同步送粉法是当前发展的主流，为等离子束表面处理技术的推广应用奠定了基础。

同步送粉等离子束表面处理的工艺可靠性，很大程度上取决于将粉末引入等离子束流的方式。送粉装置有内、外送粉之分。所谓内送粉，是指依靠自重和送粉气流将粉末送入喷嘴电弧通道内的电弧中；而外送粉，是指依靠自重和送粉气流，将合金粉末送入喷嘴电弧通道以外的电弧中。采用内送粉的优点是束流集中，粉末加热高效而均匀，在通道的约束下，粉末直接落入熔池，飞溅少；缺点是熔化的粒子可能黏附在喷嘴通道的内壁上，造成送粉不畅，这样可能使等离子炬的工作停顿，减少其持续工作的时间。与内送粉的等离子炬比较，采用外送粉法时，粉末颗粒在电弧中的路径要短得多，因而粉末吸收的热量也要少，避免了电弧在出粉口位置对粉末颗粒的加热，从而大大减少了堵枪的机会，使送粉过程畅通；另外，采用外送粉方法，粉末颗粒过热汽化的可能性较小，但对合金粉末熔点和凝固区间以及自放热反应有特定要求。典型的同步送粉等离子束表面涂层制备技术的设备包括三个部分：等离子发生器、送粉装置、工作台。其中，实现同步送粉表面处理技术的关键在于送粉装置。送粉装置包括一个精确计量送粉量的送粉器以及把粉末送入熔池的喷嘴。根据送粉器的工作原理，送粉装置有重力机械式、压差式、振动式等多种类型。

送粉器必须消除风力对混合粉末密度差异的影响，需要解决送粉通道对不同粉体形状和粒度的影响，还应达到严格同步可控，即与等离子炬的起弧灭弧同步开关。在上述原则指导下，开发了数控送粉系统，基本实现了上述要求。对表面冶金专用等离子炬的要求：（1）将处于中心的等离子束与周围的冷空气隔绝，以稳定等离子弧，避免合金元素氧化烧损；（2）获得沿弧柱径向温度分布较为平缓的柔性等离子束，以减小熔池冶金的不均匀性和对熔池的冲刷力；（3）提高粉末熔化的均匀性，提高粉末的利用率，避免合金元素的过热烧蚀与熔化不足，提高表面冶金涂层的内外在质量；（4）提高等离子炬连续工作的可靠性与寿命，提高等离子冶金的热效率。在上述原则指导下，自行研制了专用等离子炬（图2-5）。

图2-5　自行研制的表面冶金等离子炬

除了上述的关键部件之外，还需要抗干扰能力强的数控系统以及三维运动的机床，以供不同要求零件的表面冶金生产。对于大批量同种型号零件的表面冶金生产，还需要制造专用的机构和工装，以提高生产效率。

参 考 文 献

[1] 李惠琪，李惠东，李敏，等. DC Plasma Jet 表面冶金技术研究［J］. 材料导报，2004，18（10）Ⅲ：194～197.

[2] 王华明. 金属材料激光表面改性与高性能金属零件激光快速成型技术研究进展 [J]. 航空学报, 2002, 23 (5): 473 ~ 478.

[3] Lu X D, Wang H M. High temperature sliding wear behaviors of laser clad Mo_2Ni_3Si/NiSi metal silicide composite coatings [J]. Applied Surface Science, 2003, 214 (1): 190 ~ 195.

[4] Wang H M. Laser cladding for wear resistant Cr alloyed Ni_2Si – NiSi intermetallic composite coatings [J]. Materials Letters, 2003, 57 (19): 2914 ~ 2918.

[5] 陈颢, 李惠东, 李惠琪, 等. 等离子束表面冶金与激光熔覆技术的比较研究 [J]. 表面技术, 2005, 34 (2): 1 ~ 3.

[6] Fu C J, Sun K, Zhang N Q, et al. Effects of protective coating prepared by atmospheric plasma spraying on planar sofc interconnect [J]. Rare metal Materials and Engineering, 2005, 35 (7): 1117 ~ 1120.

[7] Fincke J R, Haggard D C, Swank W D. Particle temperature measurement in the thermal spray process [J]. Journal of Thermal Spray Technology, 2001, 10 (2): 255 ~ 266.

[8] 林锋, 于月光, 蒋显亮, 等. 等离子体喷涂纳米结构热障涂层微观组织及性能 [J]. 中国有色金属学报, 2006, 16 (3): 482 ~ 487.

[9] 单际国, 董祖珏, 徐滨士. 我国堆焊技术的发展及其在基础工业中的应用现状 [J]. 中国表面工程, 2002, 15 (4): 19 ~ 22.

[10] Zhang Y B, Ren D Y. Distribution of strong carbide forming elements in hardfacing weld metal [J]. Materials Science and Technology, 2003, 19 (8): 1029 ~ 1032.

[11] R. W. 卡恩, 等. 金属与合金工艺 [M]. 雷廷权, 等译. 北京: 科学出版社, 1999: 128 ~ 129.

[12] Pham D T, Gault R S. A comparison of rapid prototyping technologies [J]. International Journal of Machine Tools and Manufacture, 1998, 38 (10): 1257 ~ 1287.

3 等离子束表面冶金硬面材料涂层合金设计

3.1 等离子束表面冶金硬面材料粉末的研究概况

目前等离子束表面冶金还没有专用系列粉体材料，主要采用热喷涂或激光熔覆所用的原料，其类型包括自熔合金粉末、复合粉末[1,2]。由于目前广泛应用的自熔性合金粉末主要是针对热喷涂的工艺特点设计的，粉末的成分范围比较窄，制约了涂层性能的改善和成本的降低。

3.1.1 自熔合金粉末

自熔性合金粉末是指合金中加入了具有强烈的脱氧作用和自熔剂作用的 Si、B 等元素的合金材料。目前国内外生产的自熔合金粉可分为镍基、钴基和铁基三大类。

（1）镍基自熔合金。镍基自熔合金有 Ni-B-Si 和 Ni-Cr-B-Si 两种。前者硬度低，韧性好，易于加工。后者室温硬度高达 HRC60，在 760℃还有良好的抗氧化性。镍基自熔合金粉应用最广、熔点低、自熔性好，具有良好的韧性和耐冲击性能、耐热性能和抗氧化性能、耐金属间摩擦磨损和低应力磨粒磨损性能，还有较高的耐腐蚀性能。它适用于局部要求耐磨、耐热腐蚀及抗热疲劳的构件。Ni 基合金的合金化原理是运用 Mo、W、Cr、Co、Fe 等元素进行奥氏体固溶强化；运用 Al、Ti、Nb 获得金属间化合物沉淀强化；添加 Zr、Co 等实现晶界强化[3~5]。

（2）钴基自熔合金。钴基自熔合金粉末耐高温性好，耐热、抗蠕变、抗磨损、抗腐蚀性能都好，在 800℃时能保持可用的硬度，1080℃时还有良好的抗氧化性，适用于要求耐磨、耐蚀和抗热疲劳的零件。Co 基合金浸润性较好，其熔点较碳化物低，受热后 Co 元素最先处于熔化状态，而在凝固时，它最先与其他元素结合形成新的物相，对涂层的强化极为有利。Co 基合金的成分设计上，品种比较少，所用的合金元素主要是 Cr、Fe、Ni 和 C[6~8]。

（3）铁基自熔合金。铁基自熔合金适用于要求局部耐磨且容易变形的零件，基材多用铸铁和低碳钢，其最大优点是成本低且抗磨性能好，但熔点高、合金自熔性差、抗氧化性差、流动性不好、涂层内气孔夹渣较多，这些缺点也限制了它的应用。目前，铁基合金涂层组织的合金化设计主要为 Fe-C-X（X 为 Cr、W、

Mo、B 等)，组织主要由亚稳相组成。如武晓雷等人利用 ATEM 研究了铁基多元合金激光熔覆层的微观组织、亚稳相结构特征及高温时效时的亚稳相转变机制，结果表明组织为亚共晶组织，具有较高的显微硬度并存在显著的二次硬化特征[9~11]。

3.1.2 复合粉末

在滑动、冲击磨损和磨粒磨损严重的条件下，单纯的镍基、钴基、铁基自熔性合金已不能胜任使用要求，此时可在上述的自熔性合金粉末中加入各种高熔点的碳化物、氮化物、硼化物和氧化物陶瓷颗粒，制成了金属陶瓷复合涂层甚至纯陶瓷涂层。例如，张杰等以铁基自熔合金粉末为主要材料，与不同粒度和不同质量百分比的单晶 WC 混合，获得具有优异性能的涂层[12~14]。

尽管金属陶瓷复合材料有着诸多优异的性能，受到人们的重视，但在应用中存在的问题仍不容忽视。首先是陶瓷材料与基体金属的线膨胀系数、弹性模量及导热系数等性能差别较大，这些性能上的不匹配造成了涂层中出现裂纹和孔洞等缺陷，在使用过程中将产生变形开裂、剥落损坏等现象[15,16]。其次，由于高能束辐照时形成的高温熔池中，基体熔体和颗粒间的相互作用以及颗粒加入引起熔池中能量、动量和质量传输条件的改变等，这些使涂层成分和组织发生不同程度的变化导致颗粒的部分溶解，并进而影响基体的相组成，使原设计的复合涂层基体和增强体不能充分发挥各自的优势，造成烧损[17]。

综上所述，镍基或钴基自熔性合金粉末自熔性良好，耐蚀、耐磨、抗氧化性能也良好，但价格昂贵，比铁基材料贵 5 ~ 10 倍。对铁基合金而言，不仅因涂层与基体成分接近、界面结合牢固，而且成本低、易于研究和推广应用，因此研制等离子束表面冶金专用铁基合金粉末具有很大的价值。

3.1.3 等离子束表面冶金与热喷涂用合金粉末性能的异同

热喷涂与等离子束表面冶金有着许多近似的物理和化学过程，它们对所用合金粉末的性能要求也有很多相近之处，如合金粉末具有脱氧、还原、造渣、除气、湿润金属表面、良好的固态流动性、适中的粒度、含氧量要低等性能。但是等离子束表面冶金与热喷涂对所用合金粉末的性能要求也有一些不同之处[18~20]：

(1) 热喷涂时为了粉末更好的熔化，也为了喷熔时基材表面无熔化变形，合金粉末应具有熔点较低的特性，然而根据金属材料的物理性能，绝大多数熔点较低的合金具有较高的线膨胀系数，根据表面冶金涂层裂纹形成机理，这些合金也具有较大的开裂倾向。

(2) 热喷涂时为了保证合金在熔融时有适度的流动性，使熔化的合金能在基材表面均匀摊开形成光滑表面，合金从熔化开始到熔化终了应有较大的温度范围，但在等离子束表面冶金时，由于冷却速度快，枝晶偏析是不可避免的，合金粉末熔化温度区间越大，表面冶金涂层内枝晶偏析越严重，脆性温度区间也越宽，涂层的开裂敏感性也越大。

（3）与热喷涂相比，等离子束表面冶金中形成的熔池寿命较短，一些低熔点化合物如硼硅酸盐往往来不及浮到熔池表面而残留在涂层内，在冷却过程中形成液态薄膜，加剧涂层开裂。

3.1.4 铁基合金粉末研究现状

铁基合金材料因价格便宜、使用方便而成为最为广泛应用的合金材料。另外，以铁基合金作为开发和研究的重点是因为以铁代钴和以铁代镍具有可行性和必要性，具体表现为：

（1）目前大量需要进行处理或修复的工件主要是铁基材料，采用铁基冶金材料，涂层与基体具有良好的浸润性，可以有效解决表面冶金涂层剥落问题，同时也降低了对稀释率的严格要求，减小了稀释率过大对表面冶金涂层力学性能的影响。

（2）试验表明，铁基表面冶金涂层的硬度可与镍基自熔合金相当。

（3）研究表明，通过等离子束表面冶金可形成非晶铁基合金[21]，在高温合金、工具钢和耐磨钢的应用中很受重视，采用等离子表面冶金工艺制备的铁基涂层具有较好的耐磨性能，可以在很多领域替代镍基和钴基合金。

（4）铁基粉末比镍基粉末便宜 5 倍左右，比钴基粉末便宜 10 倍左右，能极大地降低生产成本。

综上所述，由于目前大量需要进行处理或修复的工件主要是铁基材料，采用铁基冶金材料，涂层与基体具有良好的浸润性，可以有效解决表面冶金涂层剥落问题，同时降低了对稀释率的严格要求，减小了稀释率过大对表面冶金涂层力学性能的影响。而且，铁基合金价格低廉，其表面冶金涂层的硬度可与铁基自熔合金相当，界面结合牢固，易于研究和推广应用，因此选择开发铁基合金材料具有很大的工程意义和经济效益[22~24]。

在等离子束表面冶金中研制铁基合金，其优点是成本低，但同时存在涂层韧性下降、抗氧化性差、合金自熔性较差、涂层内气孔夹渣等缺点。表 3-1 为铁基合金粉末的研究进展。需要说明的是，合金粉末的设计和涂层制备的研究成果一般不公开关键技术细节。由于等离子束表面冶金、热喷涂（焊）、激光熔覆的热物理过程不尽相同，在涂层合金设计和选用上既有相互参照的地方，也有相互区别的地方，因此等离子束表面冶金合金设计过程中只能以此为借鉴。

表 3-1 铁基合金粉末研究进展

铁基合金	主要研究成果	研究人员和发表年代
Fe-C-Si-B-RE	组织为亚共晶或过共晶，在活塞环、不锈钢切纸刀表面成功应用	刘文今[25]，1989～1999
Fe-Cr-W-C	涂层具有较高的硬度	C. L. Sexton[26]，1990
Fe-C-B-Cr-Si	HRC 62～63，加入 Cr、Si 降低涂层脆性	M. Anjos[27]，1995
Fe-Cr-Ni-B-Si	低于 400℃时，具有良好的抗弱腐蚀介质的能力，耐磨性能超过 WC + Ni 基、钴基及其他铁基合金	胡乾午[28]，1995
Fe-Cr-Al-Y	涂层具有良好的抗高温耐氧化性能	K. Nagarathnam[29,30]，1996
Fe-Cr-Ni-B-Si + Mo，Co，Nb	改变合金成分，可改变涂层组织、物理性能和力学性能，特别是开裂性	宋武林[31]，1996～2000
420 不锈钢	涂层具有较好的耐腐蚀性能和较高的硬度	H. John[32]，2000
不锈钢粉末	涂层具有较好的耐腐蚀性能和较高的硬度	任宏亮[33]，2002
Fe-C-B-S-WC	涂层具有较高硬度	张庆茂[34]，2002
Fe-Cr-Ni-B	涂层以非平衡的(Fe,Cr)相、(Fe,Ni)相存在	陈惠芬[35]，2003

所以在实际应用中，进行铁基合金粉末设计时，应考虑以下几方面：

(1) 对于确定的工件，其形状、表面状态及化学成分已经确定，主要是选择表面冶金涂层材料。依据材料的使用性能（如耐磨性、耐蚀性、高温力学性能、特殊的光电性能等）来合理选择材料体系。

(2) 对于同步送粉而言，合金粉末应具有良好的固态流动性。粉末的流动性与粉末的形状、粒度分布、表面状态及密度等因素有关。等离子束表面冶金一般使用普通粒度粉末或粗粉末，粒度范围为 50～200μm，以圆球颗粒为宜。颗粒粒度太大，表面冶金过程中不能完全熔化，造成涂层微观组织性能的不均匀；颗粒粒度很小时，送粉不均匀且飞溅散失多，使表面冶金过程不能稳定进行。

(3) 对基体材料应具有良好的湿润性，以得到平整光滑的涂层。应有良好的造渣、除气等性能，以防止产生夹渣、气孔、氧化等缺陷。

(4) 按照表面冶金涂层组织和性能的要求，合理控制表面冶金涂层材料成分组成及各组元的含量。在分析工件失效形式和明确宏观性能的前提下，对表面冶金涂层进行合金设计、微观结构设计和力学性能设计，提高它们的使用性能和寿命。表面冶金涂层成分设计，应依据等离子束表面冶金快速加热、快速冷却和组织远离平衡态的特点。因此，必须综合考虑各组元之间的相互关系，充分发挥各自的作用，满足组织和性能的要求。

(5) 以等离子束与固体物质相互作用关系、快速凝固、化学键和润湿原理、合金强韧化原理为指导，从冶金角度出发，充分认识冶金材料和基体材料的相互作用，两者应该具有良好的相容性、润湿性、合适的稀释率、低应力、无裂纹，避免在结合区形成或仅少量形成脆性相，保证冶金材料和基体材料形成冶金结合，具有较高的结合强度。

3.1.5 等离子束表面冶金涂层缺陷及防止

等离子束表面冶金属于快速非平衡凝固过程，其熔化和凝固速度很快，而且涂层材料和基体材料性能差异较大，所以如果铁基合金粉末成分设计不好和工艺不当就会导致制备出来的涂层中存在各种缺陷，涂层的缺陷制约了等离子束表面冶金技术的发展。

（1）气孔。气孔是等离子束表面冶金中存在的缺陷。气孔数量较小时对表面冶金涂层性能影响较小，但是气孔过多，则易于成为裂纹萌生和扩展的通道，因此，必须设法降低表面冶金涂层中的气孔率。气孔是由于熔池结晶过程中气体来不及逸出而造成的。熔池中气体有两种来源：一是熔池中冶金反应产生的气体，二是基体表面存在的铁锈等氧化物、油污，在等离子束的加热下分解产生各种气体。这些气体溶入过热的表面冶金熔池中，随后在熔池的冷却凝固过程中析出而形成气泡。这些气泡如不能上浮逸出则成为气孔。由于等离子束表面冶金涂层厚度较大，而且等离子束流的扫描速度较高、熔池的体积较小，因此熔池的冷却结晶速度极快，对气泡的上浮逸出不利。

（2）涂层裂纹及剥落。涂层内部形成裂纹的原因相当复杂，一方面是由于合金粉末与基体材料之间在热物理性能方面存在着较大的差异，加之等离子束扫描过程中的快速加热和快速冷却，导致涂层在凝固时收缩产生拉应力，当拉应力大于材料的抗拉极限时，就会在涂层中产生裂纹。另一方面，由于合金粉末与基体材料之间在结构上存在着较大的差异，两者的润湿性和匹配性不好，使得涂层与基体结合强度差，当残余应力或外力的作用大于涂层与基体的结合强度后，涂层就会从基体上剥落。另外，在等离子束表面冶金过程中，存在凝固裂纹，硫的存在会加大凝固裂纹出现的倾向，即使微量存在，也会使结晶区间大为增加。

稀土元素在材料表面处理中有着很重要的作用，可以改善金属材料的性能；稀土元素电负性很低，具有特殊的化学活性，同时稀土元素对渗入元素有较强的吸附能力，因此加入稀土可以不同程度地改善金属材料的一系列性能，起到良好的细化晶粒、净化组织及变质作用。所以，本书在铁基合金中加入一定量的稀土元素，希望利用稀土元素的优良性能，改善涂层的组织结构，解决目前涂层中存在的缺陷问题。

3.2 等离子束表面冶金涂层合金设计

等离子束表面冶金技术的研究首先必须针对某些具体的摩擦学系统，因而在涂层合金材料设计时，根据具体针对的零件（截齿）的工况及失效形式进行分析，初步估计涂层的性能。

考虑耐磨性时，并不是认为材料的硬度越高就越好，而是要综合考虑材料的硬度、韧性、耐热性、耐蚀性等一系列性质。不同类型的磨损，由于其磨损机理不同，可能侧重于这些性质的某一方面或某两方面。因此，在设计或选择合金粉末材料时，不能孤立考虑单个零件的问题，必须注意该摩擦副配偶表面的匹配性。总的来讲，应全面考虑以下几个方面：（1）对不同磨损类型的强化效果；（2）零件的工况及环境条件；（3）等离子束表面冶金处理后表面质量与后续处理；（4）性价比。

3.2.1　采煤机截齿失效分析

随着科学技术的高速发展，我国在煤炭能源的开采利用工作中取得了很大的进步，这为我国的经济发展提供了物质基础。但是由于煤矿的开采作业都是在地下进行的，工况条件极其恶劣，长期不间断的作业使得对煤矿机械的磨损很严重，每年由此造成的经济损失是非常大的。

煤矿生产中使用的机械设备的特点有很多：工作环境恶劣，设备时刻处于粉尘和水汽的包围中，大多数的机械设备都是在高速地运转、振动和摩擦，与腐蚀性的介质接触，工况条件极其的苛刻，很多的机械设备都是在长年累月、不分昼夜地运行；润滑的条件差，环境恶劣，工况苛刻，停机的时间短，这就使得机械的零部件不能及时地添加润滑剂和有效地维护。矿井中的控制 pH 值多为 6.5 ~ 9.5 之间，再加上空气中水分含量的增高，这些条件直接引起煤矿机械设备和化学物质的反应，加快煤矿设备的腐蚀损坏。因此，煤矿机械的磨损失效现象极其严重，由此造成的故障和安全事故时常发生，造成的经济损失很难估量。随着我国工业化进程的飞速发展，机械化程度越来越高，机械设备的磨损程度越来越严重。所以，减缓煤矿机械的磨损失效对煤矿业的发展极为重要，对高产、高效和安全生产具有重要的意义，同时也是我们面临的重大挑战。

采煤机和掘进机磨损主要是截齿的磨损。截齿是采煤机械在煤层中直接割煤的零件，在螺旋滚筒式采煤机中，螺旋式滚筒上装有按一定规律排列的截齿。滚筒转动时，截齿按一定顺序在煤体上先后截出很多沟槽，使沟槽之间的煤体破落，通过滚筒旋叶和弧形挡煤板装入输送机。因此，截齿的磨损形式及使用寿命直接影响到螺旋滚筒采煤机的功率消耗和割煤效率。图 3-1 所示为螺旋滚筒式采煤机及截齿图片。

截齿在切割煤岩时，因煤岩的反作用力，使截齿承受着很大的截割阻力和冲击负荷。当煤岩的抗压强度为 60MPa 时，平均切削力可达 10000N；煤岩压强为 100MPa 时，切削力约为 10000N。由此可见，随着目前采煤机向着大功率、高强

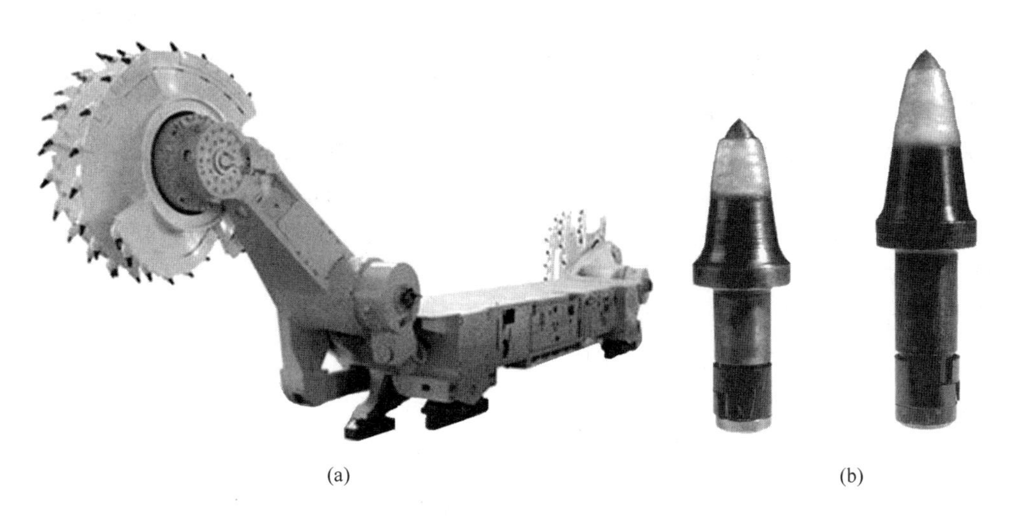

(a)　(b)

图 3-1　螺旋滚筒式采煤机（a）及截齿（b）

度和重型机型方向的发展，对截齿工作能力要求越来越高。截齿一般分两大类：刀形截齿（又称为径向截齿）与镐形截齿（又称为切向截齿）。其中镐形截齿结构简单，能点击刨煤，吃刀深度大，在工作中能自动磨锐而经常保持齿头锋利，采煤机负荷较平稳，因而较刀形截齿能耗少、寿命长，且煤尘量小、块煤量大，适于在硬煤中使用。本书的研究对象主要针对目前螺旋滚筒采煤机中应用较多的镐形截齿。

在螺旋滚筒采煤机工作时，螺旋滚筒上的截齿运动是螺旋滚筒的转动和截割臂水平摆动的复合运动。截齿的运动轨迹为平面摆线，镐形截齿的工作部分为一圆锥体，工作时如同镐尖楔入煤岩体，在镐形截齿尖楔入煤岩体的一瞬间，齿尖锥体表面对煤岩体的压力超过煤岩体的抗压强度，使煤岩粉碎，随着镐形截齿的楔进，煤岩体内的张力越来越大，直到镐形截齿周围的扇形体从煤岩体上碎落下来。截齿在截割煤岩时承受高的压应力、剪切应力和冲击负荷。煤的硬度虽不很高，但其中经常会遇到煤矸石等硬的矿料，并且在采煤和凿岩过程中，截齿温度会急剧升高，导致齿顶材质软化，加速了截齿的失效过程。截齿的主要失效方式是截齿齿体头部的硬质合金齿尖周边部位磨损严重，导致了齿尖的过早脱落；其次要的失效方式是齿体脆断、弯曲和齿尖破碎。现对各种失效方式分析如下：

（1）截齿齿体头部磨损导致齿尖脱落。截齿的齿尖和齿头与煤岩剧烈摩擦，齿尖和齿头同时磨损，但是硬质合金齿尖磨损量小于齿头，且井下酸性水对齿头腐蚀严重，造成了齿头快速磨损，使硬质合金齿尖过早暴露出来并脱落，加剧了截齿的失效。

截齿在工作过程中，磨粒（煤矸石等）与截齿表面间产生较大的压应力，带有锐利棱角并具有合适迎角的磨粒能切削截齿表面形成显微切削。如果磨粒不够尖锐或刺入截齿表面角度不适当，则在截齿表面挤出犁沟。随着截齿工作时间的延长，磨粒反复对截齿表面推挤，产生严重的塑性变形流动，使得表面下层塑性发生相互作用，导致塑变区内位错密度增加，变形材料表面产生裂纹，裂纹扩展，截齿表面形成薄片状磨屑。而且，煤层中存在腐蚀性介质与截齿表面发生化学反应而造成表面材料腐蚀，力学性能下降，并使表层金属与基体材料结合力降低，加快了截齿材料表层的磨损。另外，截齿在截割煤岩时，承受高的间歇式的冲击载荷，在冲击载荷的作用下，截齿表面上较硬的微凸点将变形，反复挤压导致附近软表面产生塑性流动并在截齿亚表面层形成积累，反复的弹塑变形，又使位错集中，继而在表层出现横向微裂纹。磨损后的截齿，切削部分的面积增大，使截割阻力增加，截齿强度降低，而且粉尘量增多。当截齿齿头磨损到一定程度后，硬质合金齿尖将脱落。脱落硬质合金齿尖后的截齿已经完全失效。截齿磨损失效前、后的形状如图 3-2 所示。

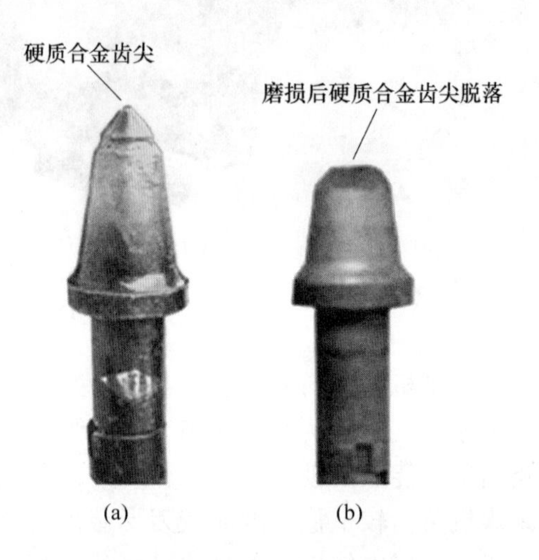

图 3-2　截齿磨损失效前、后的形貌
（a）失效前；（b）失效后

（2）齿尖破碎。截齿截割煤岩时在冲击载荷的作用下，齿尖处于高压应力状态。若遇到煤岩中坚硬的矿料，在齿刃与煤岩接触不良处承受高的剪应力，处于拉应力状态，当拉应力超过合金的强度极限时即发生碎裂，对于刀形齿来讲表现为合金片的断裂，而镐形齿为镶嵌的硬质合金刀尖的折断。合金刀尖碎裂崩刃后，截齿缺乏锐利的合金齿尖，使截割阻力剧增，直接影响生产效率的提高，而且加剧了截齿的磨损。

（3）齿体弯曲或折断。齿体弯曲或折断也是截齿失效的一种形式，其原因是齿体材料及热处理制度不合理或工艺控制失误。如果截齿齿体强韧性不足，在截割坚硬岩石或包裹体夹杂物时，由于载荷突然加大，便会发生齿体的弯曲或折断现象。

大量的统计分析结果表明，截齿的失效形式依重轻程度的次序分别为：截齿齿头磨损后硬质合金齿尖脱落、齿尖破碎、齿体弯曲或折断，并且截齿齿头磨损造成齿尖脱落失效的约占 85%。所以，为了提高截齿的使用寿命，首先要保证截齿齿头表面有足够的耐磨、耐蚀、抗冲击性能，同时增加截齿齿体的强韧性，才能有效地延长截齿的使用寿命。

3.2.2 等离子束表面冶金铁基稀土涂层合金设计

针对以上对截齿主要失效形式的统计分析，为了提高采煤机截齿的力学性能及服役寿命，首先应在截齿齿头部位制备出高耐磨、耐蚀、抗冲击、低成本、厚度适当的涂层。为此，确定了等离子束表面冶金技术方案，并在调研材料设计理论研究现状和发展趋势的基础上，提出了有关等离子束表面冶金耐磨材料的设计原则与方法，通过材料与工艺手段大幅度提高表面性能、抑制涂层缺陷，形成一套完整实用的新型截齿生产技术。

3.2.2.1 合金设计应遵循的原则

等离子束表面冶金合金设计的根本任务是满足表面冶金强化零件或用户提出的各项性能要求。这些性能决定于表面冶金涂层与基体的界面特性、表面冶金涂层成分、显微组织、杂质、缺陷、应力状态等。等离子束表面冶金技术的研究首先必须针对某些具体的摩擦学系统，因而在涂层合金材料设计时，就应预计该系统会出现的主导磨损机理，初步估计涂层的性能。

等离子束表面冶金材料要根据使用要求与基体的状况来选配。目前，由于对涂层材料的许多物理性质无法知道，因此如何去判断涂层材料与基体材料是否具有良好的匹配关系，成为等离子束表面冶金技术的一个重点。另外，在设计时，不能一味追求涂层材料的使用性能，还要考虑涂层材料是否具有良好的涂覆工艺性，尤其是与基体材料在线膨胀系数、熔点等物理性质上是否具有良好的匹配关系。

（1）涂层材料与基体材料线膨胀系数的匹配。等离子束表面冶金中产生裂纹的机制，其重要的原因之一是涂层合金与基材之间的线膨胀系数的差异，所以在选择涂层合金时应考虑涂层与基材在线膨胀系数上的匹配，考虑涂层合金与基材的线膨胀系数差异对涂层的结合强度、抗热震性能，特别是抗升裂性能的影响。

（2）涂层材料与基体材料熔点的匹配。在等离子束表面冶金技术中，需要对涂层材料关注的另一个重要的热物理性质是其熔点。涂层合金与基体材料的熔点差异过大，形成不了良好的冶金结合。若是涂层材料熔点过高，加热时有可能涂层材料熔化少，使得涂层表面粗糙而且基体表面过烧。

表3-2给出了一些常用合金元素的熔化温度和平均线膨胀系数[36]。从表中可以看出，对工程常用的典型的合金元素，线膨胀系数和熔点之间有一定的矛盾，如对Cr、Mo元素来讲，虽然具有较小的线膨胀系数，但熔点较高；对Co、Ni、Fe来讲，熔点较Cr、Mo低，但线膨胀系数较大。熔点低、同时线膨胀系数小的合金元素在实际中很难找到，但由于等离子束表面冶金中存在物理冶金反应过

程，所以合金系的凝固温度不是由组元的最高熔点确定，这样熔点和线膨胀系数的矛盾可以通过控制熔池中的物理冶金反应得到解决。

表 3-2　金属熔点和平均线膨胀系数

名 称	Ag	Al	Au	Co	Cr
T_m/℃	961	660	1063	1495	1875
σ/K^{-1}	19.7×10^{-6}	22×10^{-6}	4.2×10^{-6}	12.5×10^{-6}	6.2×10^{-6}
名 称	Cu	Fe	Ni	Mo	W
T_m/℃	1083	1536	1453	2610	3400
σ/K^{-1}	16.4×10^{-6}	12.6×10^{-6}	13.3×10^{-6}	5.1×10^{-6}	—

（3）涂层材料对基体的润湿性。除了考虑冶金材料的热物理性能外，还应考虑其在等离子束快速加热下的流动性、化学稳定性、硬化相质点与黏结相金属的润湿性以及高温快冷时的相变特性等。等离子束表面冶金过程中，润湿性也是一个重要的因素。

经等离子束表面冶金处理过的零件的使用性能一方面取决于表面冶金材料自身的性能，另一方面更取决于该零件所在的摩擦学系统。不同的运动副系统，其零件磨损的机理是不尽相同的。表面冶金涂层其性能的好坏应由摩擦磨损的摩擦学原则来判定，因而等离子束表面冶金合金（材料）的选择、设计也必须遵照摩擦学设计理论。另外，等离子束表面冶金首先必须是针对某些具体的摩擦学系统，因而在设计表面冶金材料的成分时，就应预先确定该系统会出现的主导磨损机理，初步估计表面冶金涂层材料的性能，包括材料的黏着倾向、抗磨粒磨损能力和表面疲劳趋势等。不同类型的磨损，由于其磨损机理不同，可能侧重于这些性质的某一方面或某两方面。

3.2.2.2　等离子束表面冶金高铬铁基稀土耐磨涂层体系设计

组分是表面冶金涂层性能的根本问题，组分的选择与配比的确定往往是在相互矛盾的条件下进行的优化过程。铁基合金系有 Fe-Cr-C、Fe-W-C、Fe-Mo-C、Fe-Mn-C、Fe-Ni-C。Fe-Cr-C 表面冶金涂层具有良好的热疲劳抗力、耐磨性、耐腐蚀性。在 Fe-Cr-C 系中，Cr 元素能固溶在 Fe、Ni 和 Co 的面心立方晶体中，对晶体既起固溶作用，又起钝化作用，提高耐蚀性能和抗高温氧化性能，富余的 Cr 与 C、B 形成碳化铬和硼化铬硬质相，提高合金硬度和耐磨性。所以从等离子束表面冶金涂层综合使用性能出发，选用 Fe-Cr-C 系。

选用 Fe-Cr-C 合金系，在冶金熔池利用原位反应生成各种碳化物作为强化相，其关键在于确定 C 含量和 Cr/C 比例，由此来控制表面冶金涂层中的韧性相与强化相。从 Fe-Cr-C 亚稳平衡相图液相图及 1150℃等温截面图可以知道，五个基本单相区为铁素体、奥氏体、(Cr, Fe)$_{23}$C$_6$、(Cr, Fe)$_7$C$_3$、(Fe, Cr)$_3$C。根据等离子束表面冶金物理冶金要求，沿 γ-奥氏体与 M_7C_3 单相区的两相线附近选取合金成分。一则该区具有较好的流动性，可最大限度地减缓快速凝固时的热应力梯度，减小热裂纹形成倾向；二则有可能形成基体相为奥氏体，强化相为 M_7C_3 碳化物的组织。因为碳化物 M_7C_3 在硬度、形态、分布等方面都优于 M_3C。

由于合金粉末配方中 C 及 Cr 的含量较高，显微组织中 (Fe, Cr)$_7$C$_3$ 相的数量较多。(Fe, Cr)$_7$C$_3$ 硬度很高，本身具有良好的抗磨能力，但是粗大的 (Fe, Cr)$_7$C$_3$ 相的脆性断裂和剥落对表面冶金涂层整体的塑性和韧性有不利影响，在磨损发生时，粗大的初生碳化物容易发生整体剥离，使磨损量增加。而稀土元素在钢铁冶金中有着很重要的作用，可以改善金属材料的性能。由于稀土元素电负性很低，具有特殊的化学活性，对渗入元素有较强的吸附能力，因此加入稀土可以不同程度地改善金属材料的一系列性能，起到良好的细化晶粒、净化组织及变质作用。所以，铁基合金中的除了上述这些元素外，为了改善表面冶金涂层的组织、工艺性能和力学性能，还要添加稀土元素和一些辅助合金元素，如 Si、B、Ni 等。

3.2.2.3 等离子束表面冶金工艺设计

同步送粉等离子束表面冶金过程中，由送粉器连续地送入粉末材料，在保护气氛条件下，基体与粉末材料同时被加热，经快速熔化、扩散、冶金反应，随后快速凝固，实现界面的冶金结合。通过调节粉末流速、粉末喷嘴与等离子束聚焦点相对基体表面的距离等参数，实现与其他工艺参数的良好匹配。

在连续等离子束表面冶金中，熔池近似于稳态，等离子束输入能量与合金粉末、基体吸收能量和环境散失能量处于热平衡：

$$E(1-\gamma)=E_p+E_s+E_r \tag{3-1}$$

$$E=P/(Dv) \tag{3-2}$$

$$E_r=\alpha(T_1-T_0)/(Dv) \tag{3-3}$$

式中 P——等离子束功率，W；
D——等离子束光斑直径，mm；
v——扫描速度，mm/s；
E_p——单位面积上被合金粉末吸收的能量；
E_s——单位面积上基体材料吸收的能量；
E_r——单位面积环境辐射的能量；
α——熔池向周围介质辐射的系数；
T_1——熔池液相温度；
T_0——室温；
γ——等离子束能量损失率。

对同步送粉等离子束表面冶金，在送粉量为 M 时，粉末熔化需要的能量为：

$$E_p = M[c_{ps}(T_m - T_0) + L_m + c_{pl}(T_1 - T_0)]/(Dv) \tag{3-4}$$

式中 M——送粉量；

c_{ps}——合金粉末的固相比热容；

L_m——熔化潜热；

c_{pl}——液相比热容；

T_m——熔化温度。

显然，式（3-4）中的中括号内的参数与合金粉末的种类、冶金熔池状态有关，对于特定的合金粉末材料它是一常数，因此将式（3-4）简化为：

$$E_p = M\varepsilon/(Dv) \tag{3-5}$$

将式（3-2）、式（3-3）、式（3-5）代入式（3-1）中，可得：

$$T_1 - T_0 = [P(1-\gamma) - M\varepsilon - E_s Dv]/\alpha \tag{3-6}$$

由式（3-6）可知，对同步送粉等离子束表面冶金过程的加热与熔化程度主要取决于等离子束功率大小，而送粉量和光斑尺寸、扫描速度及基体材料的导热性等也有着直接的影响。工艺优化是实现成分设计和组分设计的决定因素，工艺优化的实现过程就是表面冶金涂层元素分布和组织形成的过程，表面质量控制是工艺优化的要点。

3.2.3 等离子束表面冶金铁基稀土涂层合金试验编号

在上述原则指导，并针对采煤机截齿的材质、具体工况条件和失效形式的情况，确定出合金粉末材料成分的合适范围，进行了多次试验，粉末配方见表 3-3。

表 3-3 铁基合金粉末配方（质量分数） （%）

编号	Fe	Cr	C	Si	B	Ni	RE
F01	余量	30 ~ 35	3.5	—	—	—	—
F02	余量	30 ~ 35	3.5	4.5	0.4	—	—
F03	余量	30 ~ 35	3.5	4.5	0.4	4.5	—
F04	余量	30 ~ 35	3.5	4.5	0.4	4.5	0.1 La_2O_3
F05	余量	30 ~ 35	3.5	4.5	0.4	4.5	0.1 Ce_2O_3
F06	余量	30 ~ 35	3.5	4.5	0.4	4.5	0.1Ce_2O_3 + 0.1La_2O_3
F07	余量	30 ~ 35	3.5	4.5	0.4	4.5	0.2Ce_2O_3 + 0.2La_2O_3
F08	余量	30 ~ 35	3.5	4.5	0.4	4.5	0.3Ce_2O_3 + 0.3La_2O_3

参 考 文 献

[1] 朱润生. 自熔性合金粉末的研究 [J]. 粉末冶金工业，2000：7 ~ 14.

[2] Sexton L, Lavin S, Byrne G, et al. Laser cladding of aerospace materials [J]. Journal of Materials Processing Technology, 2002, 122 (1): 63 ~ 68.

[3] Ana S C, Paulo S C, Rui M C. Microstructural features of consecutive layers of satellite 6 deposited by laser cladding [J]. Surface and Coatings Technology, 2002, 153 (2): 203 ~ 209.

[4] Zhang D W, Zhang J G. The effects of heat treatment on microstructure and erosion properties of laser surface-clad Ni-base alloy [J]. Surface and Coatings Technology, 1999, 115 (2): 176 ~ 183.

[5] Mats E, Rolf S. Mechanical properties and temperature dependence of an air plasma sprayed NiCoCrAlY bondcoat [J]. Surface and Coatings Technology, 2006, 200 (8): 2695 ~ 2703.

[6] 陶锡麟, 潘邻, 夏春怀, 等. 激光熔覆用钴基合金粉末的研究 [J]. 材料保护, 2002, 35 (10): 28 ~ 29.

[7] Przybylowicz J, Kusinski J. Laser cladding and erosive wear of Co-Mo-Cr-Si coatings [J]. Surface and Coatings Technology, 2000, 125 (1): 15 ~ 17.

[8] Lu Z, Xu Y B, Hu Z G. Low cycle fatigue behavior of a directionally solidified cobalt base super alloy [J]. Materials Science and Engineering: A, 1999, 270 (2): 162 ~ 169.

[9] Song W L, Echigoya J, Zhu B D, et al. Vacuum laser cladding and effect of Hf on the cracking susceptibility and the microstructure of FeCrNi laser clad layer [J]. Surface and Coatings Technology, 2000, 126 (1): 76 ~ 80.

[10] Wu X L, Hong Y S. Fe-based thick amorphous-alloy coating by laser cladding [J]. Surface and Coatings Technology, 2001, 141 (2): 141 ~ 144.

[11] 温家伶, 于有生, 倪火炬, 等. Fe 基激光熔覆合金粉末的研究 [J]. 中国机械工程, 2002, 13 (20): 1789 ~ 1790.

[12] Agarwal S C, Ocken H. Microstructure and galling wear of a laser-melted cobalt-base hardfacing alloy [J]. Wear, 1996, 140 (2): 223 ~ 233.

[13] Li T J, Lou Q H, Dong J X, et al. Escape of carbon element in surface ablation of cobalt cemented tungsten carbide with pulsed UV laser [J]. Applied Surface Science, 2001, 172 (2): 51 ~ 60.

[14] Przybylowicz J, Kusinski J. Structure of laser cladded tungsten carbide composite coatings [J]. Journal of Materials Processing Technology, 2001, 109 (2): 154 ~ 160.

[15] Zhang Q M, He J J, Liu W J, et al. Microstructure characteristics of ZrC reinforced composite coatings produced by laser cladding [J]. Surface and Coatings Technology, 2003, 162 (2): 140 ~ 146.

[16] Ouyang J H, Nowotny S, Richter A, et al. Characterization of laser clad yttria partially stabilized ZrO_2 ceramic layers on steel 16MnCr5 [J]. Surface and Coatings Technology, 2001, 137 (1): 12 ~ 20.

[17] Xiong H P, Li X H, Mao W, et al. Wetting behavior of Co based active brazing alloys on SiC and the interfacial reaction [J]. Materials Letters, 2003 (57): 3417 ~ 3421.

[18] Deuis R L. Metal matrix composite coatings by PTA surfacing [J]. Composites Science and Technology, 1998 (58): 299 ~ 309.

[19] Hyung J K, Byoung H Y, Chang H L, et al. Wear performance of the Fe-based alloy coatings produced by plasma transferred arc weld surfacing process [J]. Wear, 2002 (249): 846 ~ 852.

[20] Hyung J K, Stephanie G, Young G K. Wear performance of metamorphic alloy coatings [J]. Wear, 1999 (232): 51 ~ 60.

[21] 吴玉萍. 压缩弧光等离子束熔覆层中晶相与非晶相 [J]. 材料热处理学报, 2002, 33 (1): 11 ~ 15.

[22] 陈俐, 谢长生, 胡木林, 等. 激光熔覆用铁基合金工艺性研究 [J]. 焊接技术, 2001, 25 (5): 343 ~ 346.

[23] 赵海云, 武晓雷, 陈光南. 铁基抗高温磨损激光熔覆涂层强韧设计和研究 I: 激光熔覆合金成分、微观结构强韧化设计及涂层制备 [J]. 应用激光, 1999, 19 (5): 209 ~ 213.

[24] 李胜, 胡乾午, 曾晓雁. 激光熔覆专用铁基合金粉末的研究进展 [J]. 激光技术, 2004, 28 (6): 591 ~ 594.

[25] 刘文今, 赵海云, 钟敏霖, 等. 高耐磨激光陶瓷合金化活塞环 [A]. 高性能陶瓷论文集 [C]. 北京: 人民交通出版社, 1998, (5): 120 ~ 123.

[26] Sexton C L, Byrne G, Walkins K G. Alloy development by laser cladding: An overview [J]. Journal of Laser Application, 2001, (13): 2 ~ 11.

[27] Anjos M, Ferreira G. Fe-Cr-Ni-Mo-C alloy produced by laser surface alloying [J]. Surface coating and Technology, 1995, 70 (2): 235 ~ 242.

[28] 胡乾午, 陈祖涛, 李志远, 等. 铸铁表面激光熔覆 FeCNiSiB 自熔合金 [J]. 表面技术, 1995, 26 (4): 14 ~ 17.

[29] Nagarathnam K, Komvopoulos K. Microstructure and microhardness characteristics of laser sysnthesized Fe-Cr-W-C coatings [J]. Metallurgical Transactions A, 1995, 26A (8): 2131.

[30] Nagarathnam K. Effect of process parameters on the microstructure, geometry and microhardness of laser clad coating materials [C]. Materials Science Forum, 1994, 386 (6): 163 ~ 165.

[31] 宋武林, 朱蓓蒂, 罗慧倩, 等. Fe-Cr-Ni 合金激光熔覆层显微缺陷及开裂行为的研究 [J]. 应用激光, 1996, 16 (2): 63 ~ 65.

[32] John H, Mark Z. Laser processing [J]. Advanced Materials and Processes, 2000, 36 (10): 35 ~ 37.

[33] 任宏亮, 晁明举, 梁二军, 等. 50 号钢表面激光熔覆不锈钢粉的研究 [J]. 激光, 2002, 23 (2): 62 ~ 63.

[34] Zhang Q M. Microstructure and properties of (2.4% Zr + 1.2% Ti + 15% WC)/FeCSiB layers produced by laser cladding [A]. Laser in Materials Processing and Manufacturing [C]. Shanghai: The International Society for Optical Engineering, 2002: 253 ~ 258.

[35] 陈惠芬, 胡静霞, 何宜柱, 等. 16Mn 钢表面激光熔覆铁合金层的研究 [J]. 上海应用技术学院学报, 2003, 3 (1): 16 ~ 19.

[36] Pilloz M, Pelletier J M. Residual stresses induced by laser coatings: phenomenological analysis and predictions [J]. Journal of Materials Science, 1992, 27 (5): 1240 ~ 1244.

4 等离子束表面冶金工艺研究

等离子束表面冶金是一个极其复杂的物理冶金过程，影响表面冶金涂层质量的因素很多。因此，在进行等离子束表面冶金时，必须根据不同表面冶金涂层材料和厚度，合理选择工艺参数，以获得高质量表面冶金涂层。

虽然影响等离子束表面冶金因素很多，如材料特性、环境条件等，但在等离子束表面冶金过程中实际可调的参数并不多。这是因为，基体材料及粉末材料是根据工况并考虑工艺特点而选定的，等离子束表面冶金的质量主要靠调整喷嘴直径、等离子束功率（工作电流与电压的乘积）、扫描速度、送粉速度等几个参数来实现，上述参数都将影响粉末的加热状态，进而影响表面冶金涂层的宏观及微观质量。所以，针对具体的基体材料，选择适宜的粉末材料和优化工艺参数是获得质量良好的表面冶金涂层的关键环节。本章系统地分析了等离子束表面冶金工艺参数对耐磨合金涂层组织以及显微硬度的影响，优化了适宜于耐磨合金粉末的等离子束表面冶金工艺参数，也为后续的组织形貌分析及强化机理分析奠定基础。

4.1 等离子束表面冶金工艺优化

4.1.1 喷嘴直径的确定

喷嘴是等离子束发生器中的关键零件，热负荷最高，采用导热性能良好的铜铬合金制成，它的任务是完成对等离子束的压缩，对于保证等离子束的性能具有决定性的作用。喷嘴的直径决定了等离子束的直径大小。图 4-1 所示为等离子炬喷嘴示意图。

实验研究表明，等离子束稳定性与喷嘴直径有相互的依存关系。喷嘴直径 d 越大，则压缩作用越小，同时使得气体流量小，产生的等离子束不稳定，如果 d 过大则无压缩效果；喷嘴直径 d 小时，虽然在小气体流量下等离子束能够稳定存在，但是压缩比过大导致熔池中等离子流力很大，得到的是刚性的等离子束，会对熔池产生较大的影响，使之不能稳定结晶，甚至将熔池直接吹开从而得不到成型良好的表面冶金涂层。同时，d 过小时则会产生双弧，破坏了等离子束的稳定性。另外，在设计等离子炬时，在等离子炬喷嘴孔周围增加了一个与之同心的环状狭缝，氩气由进气管进入到均气环槽均压后，通过环状狭缝高速向下吹出，形成高速流动的圆环状气套，将处于中心的等离子束及等离子

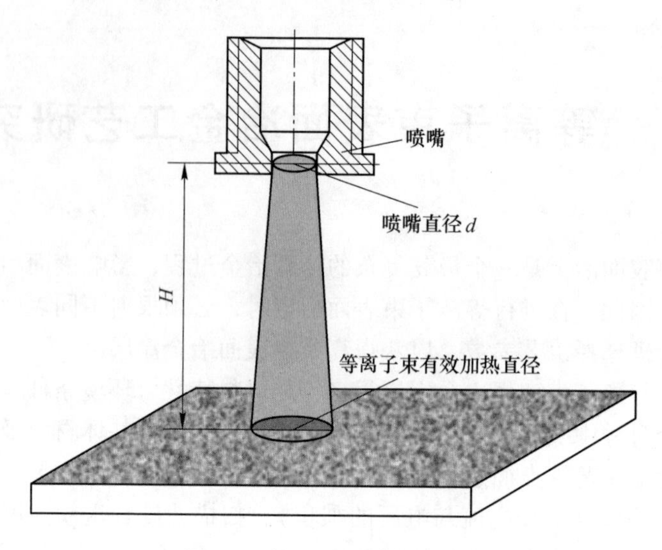

图 4-1　等离子炬喷嘴示意图

束形成的熔池与周围的大气隔绝，从而将熔池保护起来，避免涂层在空气中氧化。而且，在隔绝了大气的负压环境中，等离子束流会沿径向自动扩展，其结果是改变了等离子束流截面的功率密度分布，将原来高度压缩内外温差剧烈的弧柱，变为适当扩束且沿弧柱径向温度分布较为平缓的柔性等离子束，负压环境也减小了弧柱放电电压，从而提高了等离子束的稳定性。而且，高速流动的环状保护气套还有助于喷嘴和表面冶金涂层的冷却，从而提高喷嘴的使用寿命并减小零件的变形。所以，由于负压下等离子的扩展和金属工件的快速导热的共同作用，使得等离子束的有效加热直径比喷嘴的直径要略大。单道涂层的宽度由等离子束有效加热直径和送粉量来决定，在送粉量适宜的情况下，其大小等于等离子束的有效加热直径。

不同离子气流量、喷嘴直径 d 对熔池的影响见表 4-1。由表可见，等离子束表面冶金处理时，当喷嘴直径 d 取 5mm，此时等离子束有效加热直径为 10mm，离子气流量为 $1.0\mathrm{m}^3/\mathrm{h}$ 较好。另外，喷嘴离工件的距离 H 越近，则传递给工件和合金粉末的能量越大，但是喷嘴自身受到的热辐射也很大，导致喷嘴烧损。而且，离工件距离过近，在表面冶金过程中，飞溅的金属粉末在喷嘴上粘接形成凸起物或垂瘤，导致双弧的产生，也使得喷嘴烧损。随着喷嘴到工件表面距离的增加，等离子束显露在空间的长度加大，则等离子束散失在空间的能量也增加，喷嘴受到的热辐射减小，但等离子束传递给工件和合金粉末的能量减小，因此通过大量的实验摸索，喷嘴距离工件控制在 28 ~ 32mm 范围之内，既保证了等离子束能量的适中，又保护了喷嘴。

表 4-1 不同离子气流量、喷嘴直径对熔池的影响

喷嘴直径/mm	离子气流量/$m^3 \cdot h^{-1}$		
	0.6	1.0	1.4
4	等离子束稳定，熔池内液体被吹出	等离子束稳定，熔池内液体被吹出	等离子束稳定，熔池内液体被吹出
5	等离子束不稳定	等离子束稳定，熔池内液体未被吹出	等离子束稳定，熔池内液体被吹出
6	等离子束不稳定	等离子束不稳定，熔池内液体未被吹出	等离子束稳定，熔池内液体未被吹出

4.1.2 同步送粉速度、保护气流量的确定

4.1.2.1 送粉速度的确定

当送粉速度较小时，随着送粉速度的增加，表面冶金涂层厚度增加的速度较快，而当送粉速度较大时，表面冶金涂层厚度增加的速度较慢。其原因是综合工艺参数一定的条件下，单位时间内能熔化合金粉末量是有限的，故送粉速度过大时将会出现未熔粉末，造成粉末的浪费。

在等离子束表面冶金过程中，合金粉末从喷嘴喷出到形成表面冶金涂层的过程中，有两种情况导致损失，即加热温度过高造成烧损，或粉末材料飞散于等离子束之外，没有进入熔池中。在等离子束光斑尺寸和扫描速度恒定时，随送粉速率的提高，单位时间内粉末总体吸收热量增加，但单个粉末颗粒的平均吸收能量相对减少，温度降低，材料烧损减少，粉末有效利用率增加；当送粉速度恒定时，随扫描速度的提高，实际输入比能变小，材料颗粒的温度降低，烧损减少，粉末有效利用率增加。由以上分析可知，在等离子束工艺稳定时，材料的损失主要源于温度过高造成的烧损。因此，为获得理想的表面冶金涂层、提高粉末有效利用率，必须保证等离子束功率、扫描速度、送粉速度、喷嘴直径、气流大小等参数相互匹配。送粉速度的大小是由粉末节流孔和送粉气流量大小来决定的，当粉末节流孔一定时，送粉气的流量越大，送粉速度也就越大。在大量实验的基础上，确定适宜的送粉气流量为 0.6 ~ 0.8m^3/h，此时的送粉量为 250 ~ 300g/min，此时制备的单道表面冶金涂层的厚度为 3mm 左右。

4.1.2.2 保护气流量的确定

等离子束表面冶金时，如果熔池直接暴露在空气中，金属熔体凝固时就会被氧化，导致涂层宏观质量和内在性能恶化。研究表明，保护气的流量越大，保护效果也越好。在保证保护效果并考虑成本的情况下，确定保护气流量为 0.6 ~ 0.8m^3/h。

4.1.3　等离子束功率的确定

等离子束功率是指表面冶金等离子炬的输出功率，是等离子炬的输出电流与输出电压的乘积。等离子功率对表面冶金涂层的影响较为复杂：一方面，等离子束功率如果过小，则表面熔化效率很低，在通常扫描速度下，粉末熔化而基体不熔化，在金属表面呈“液珠”状态，润湿性差，凝固后在金属表面形成“铁豆”。另一方面，功率大，所形成的熔池面积也越大，就会有更多的粉末进入熔池，这对提高涂层厚度是有利的。但这时基体金属吸热会显著增加，导致零件变形增大。因此，等离子束表面冶金工艺总体要求要有一个较大的输出功率。但功率的确定仍要看零件本身能够承受的热量和温升，一般情况下被强化的零件体积越大，功率就应越大。在工作电压一定的情况下，等离子束功率由工作电流表征，工作电流大则等离子束功率大，工作电流小则功率小。固定等离子炬的喷嘴直径、离子气流量、送粉气流量、送粉速度、扫描速度，仅改变输出功率进行的一组实验，实验方案一见表 4-2。

表 4-2　实验方案一（改变输出功率，粉末配方 F03）

试样号	输出功率/kW	扫描速度/mm · min^{-1}	喷嘴直径/mm	送粉气流量/m^3 · h^{-1}
111	6（150A, 40V）	600	5	0.7
112	12（300A, 40V）	600	5	0.7
113	18（450A, 40V）	600	5	0.7
114	24（600A, 0V）	600	5	0.7

4.1.3.1　等离子功率对表面冶金涂层组织的影响

在本实验条件下，低功率制备的 111 试样表面呈熔珠状，没有得到连续的表面冶金涂层，这是因为输出功率太低，试样单位面积上所吸收的能量不足以在 Q235 钢表面形成熔池，合金粉末熔化而基体未熔化，熔化的金属粉末在基体表面呈“液珠”状态，润湿性差，表面“液珠”不能在基体表面铺展凝固后在金属表面形成“铁豆”。112 试样和 113 试样涂层表面比较平整，宏观表面质量较好。114 试样由于功率过大，导致合金粉末和基体都过度熔化，涂层表面不平整，高低不齐。而且，基体熔化量增多，熔化了的基体材料通过熔池中的对流传质作用，扩散到涂层中，还会使涂层中的组成元素蒸发和分解，有可能造成过烧现象，从而使表面冶金涂层成分远离涂层设计成分，达不到性能要求。

图 4-2 为 112 试样和 113 试样涂层的宏观形貌及微观组织。由图 4-2(a) 和 (b) 可以看出，112 试样的厚度比 113 试样要厚，其原因为等离子束功率的变化对熔池深度的影响非常显著，熔池深度随工作电流的增加而相应地增加。由于等

离子束中心的功率密度为最高，热量集中，使基体向下扩展形成深孔。等离子束移动后，流动的熔融金属液体再将孔填补。当等离子束功率较高时，中心温度高，从而基体纵向熔化的较多，形成的熔池也就很深；反之，熔池则较浅。当功率过大时，会使熔池深度增加，当液态金属的表面张力无法与其重力平衡时将沿两侧向下流，直至熔池变宽、变浅，使两者重新达到平衡状态，这样实际涂层的厚度将会变小。由图 4-2(c) 和 (d) 可以看出，112 试样涂层的显微组织生成的组织比较细小，晶间距离也较小，而 113 试样涂层的显微组织生成的组织粗大。其原因为功率越大，传输给合金粉末和基体的热量也越多，导致熔池中温度较高，熔池的冷却速度就会很低，凝固后晶粒粗大。

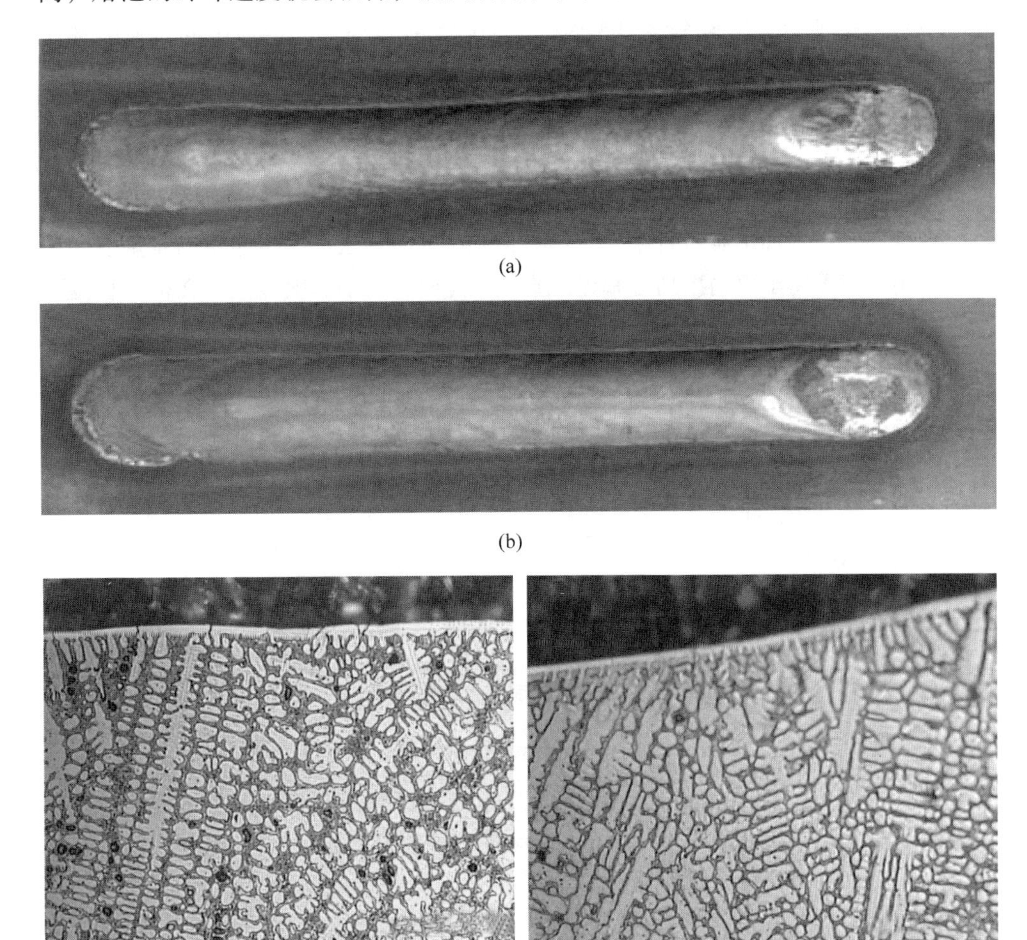

(a)

(b)

(c) (d)

图 4-2 不同功率下，112 试样和 113 试样表面冶金涂层宏观形貌及微观组织

(a) 112 试样宏观形貌；(b) 113 试样宏观形貌；(c) 112 试样微观组织；(d) 113 试样微观组织

4.1.3.2　等离子功率对表面冶金涂层成分均匀性的影响

等离子束功率的变化还会影响到表面冶金涂层成分的均匀性。在等离子束的照射下，在束流中心附近其熔体的表面温度最高；偏离熔池中心区域越远，其熔体的表面温度越低。相应地，表面张力在熔池表面上的分布规律为：熔池中心附近的熔体的表面张力最低；相反，熔池边缘附近的熔体表面张力最高。因此，在等离子束表面冶金过程中，在熔池表面上存在表面张力梯度。正是这个表面张力梯度成为合金熔体在熔池中对流的驱动力。由于这种对流作用对合金熔池内的合金元素的混合搅拌，使得制备的表面合金的成分在宏观上基本均匀。当功率较高时，形成的熔池较大，冶金涂层表面的表面张力梯度较大，熔池中的对流循环比较激烈，使涂层成分分布相对均匀；相反，功率较低时，形成的熔池较小，对流循环相对较弱，涂层成分分布没有大功率条件下的均匀。

4.1.4　扫描速度的确定

在等离子束表面冶金过程中，等离子束扫描速度对表面冶金涂层的质量也有很大的影响。当等离子束输出功率和光斑直径一定时，扫描速度的大小在很大程度上代表等离子束能量效应。固定输出功率，改变扫描速度，实验方案二见表 4-3。

表 4-3　实验方案二（改变扫描速度，粉末配方 F03）

试样号	输出功率/kW	扫描速度/mm · min^{-1}	喷嘴直径/mm	送粉气流量/m^3 · h^{-1}
115	12（300A，40V）	100	5	0.7
116	12（300A，40V）	300	5	0.7
117	12（300A，40V）	600	5	0.7
118	12（300A，40V）	800	5	0.7

4.1.4.1　扫描速度对表面冶金涂层组织的影响

在本实验条件下，发现低扫描速度下制备的 115 试样表面呈下凹状，没有形成连续、平滑、凸起的表面冶金涂层，工件出现过热或过烧。116 试样、117 试样和 118 试样涂层表面比较平整，宏观表面质量较好。图 4-3 所示分别为 116 试样、117 试样和 118 试样的显微组织。

由图 4-3 可以看出，随着扫描速度的增加，表面冶金涂层组织趋于细化，其原因是等离子束与材料的交互作用时间由扫描速度决定，扫描速度越大，交互作用时间越短，注入材料的能量也就越少，在同样的传热条件下，冷却速度就越快，熔池中的晶粒来不及长大就被凝固。但是扫描速度过大，基体吸收的能量就少，导致合金粉末中有些颗粒来不及熔化，而且，扫描速度过大时，涂层中有可

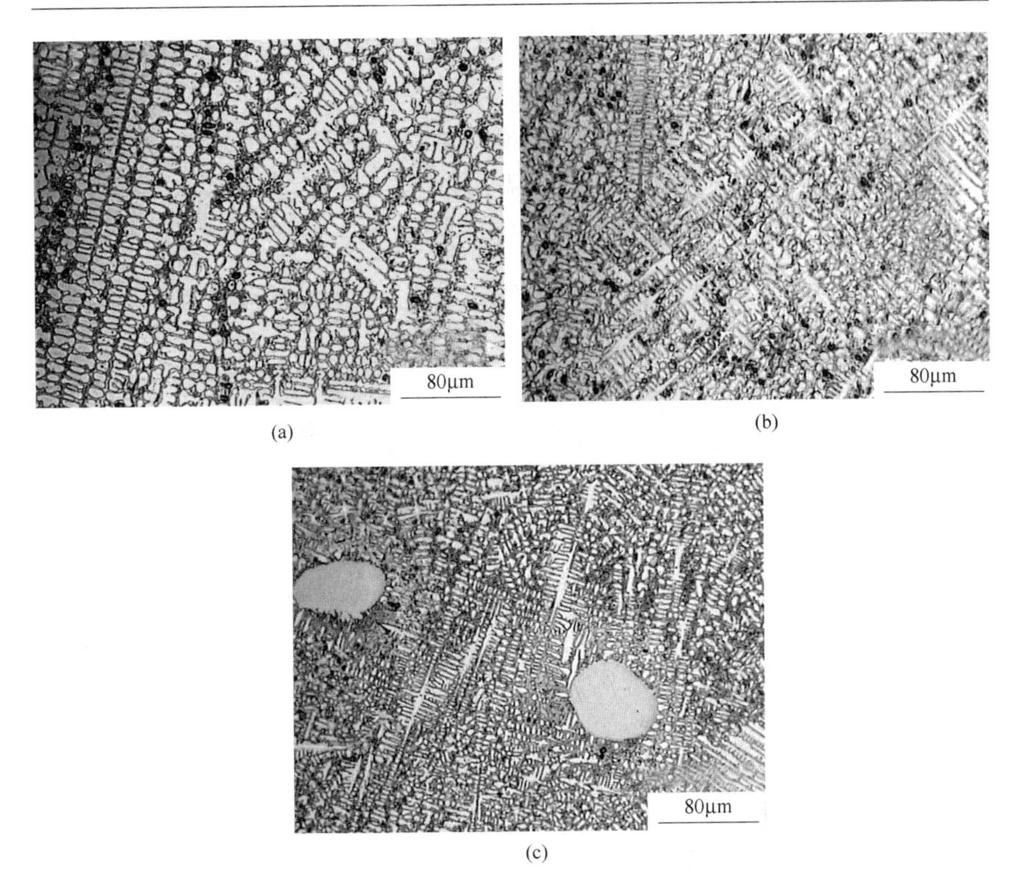

图 4-3 不同扫描速度下表面冶金涂层的显微组织
(a) 116 试样；(b) 117 试样；(c) 118 试样

能会出现气孔，其原因是扫描速度越高，表面冶金涂层的冷却速度越快，气泡来不及排除而形成气孔。当扫描速度增大到一定值时，熔化的深度低于涂层的厚度，此时，等离子束输出功率不足以使粉末材料全部熔化，即使粉末发生了完全的熔化，但由于熔体表面张力较大，冷却时呈聚集收缩状态，也不能形成连续、均匀的涂层，涂层与基体之间不能实现冶金结合，结合强度也较低，不能满足实际的应用要求。所以，在保证涂层与基体能够冶金结合的前提下，扫描速度不宜过低或过高。

4.1.4.2 扫描速度对表面冶金涂层显微硬度的影响

等离子束扫描速度对表面冶金涂层的显微硬度也有较大的影响。图 4-4 所示为 116、117、118 涂层试样的显微硬度分布曲线。由图可知，随着扫描速度的增加，显微硬度也增加。因为当扫描速度小时，表面冶金涂层中碳化物溶解和烧损严重，熔池稀释增大，导致表面冶金涂层硬度减小。当扫描速度增加时，稀释减小，表面冶金涂层组织趋于细化，硬度提高。

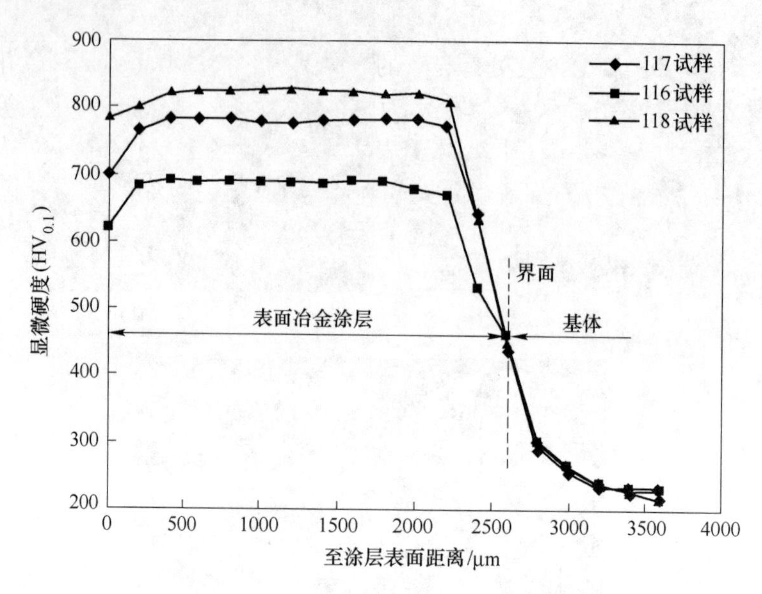

图 4-4　不同试样表面冶金涂层的显微硬度

4.1.5　工艺参数的确定

通过大量试验优化后的等离子束表面冶金工艺参数为：

输出功率	12～15kW
电离气体流量	1.0m^3/h
喷嘴直径	5mm
喷嘴距离工件	28～32mm
送粉气流量	0.6～0.8m^3/h
保护气流量	0.6～0.8m^3/h
等离子束流的扫描速度	500～600mm/min
同步送粉量	250～300g/min

4.2　搭接对表面冶金涂层的影响

4.2.1　搭接率对表面成型的影响

在等离子束表面冶金过程中，由于受等离子束光斑大小的限制，单道处理的宽度是有限的，当等离子束有效加热直径为 10mm 时，单道等离子束表面冶金涂层宽度可达 10mm，所以为了获得更大面积的等离子束表面冶金涂层，须采用多道搭接技术。

在多道搭接时，因其每个相邻扫描带的结合处存在一个二次扫描区，致使搭接涂层的组织和性能与未搭接处有显著的不同，因此搭接率的选择和优化是影响搭接涂层质量的关键因素。图 4-5 所示为多道搭接处理示意图。大面积等离子束表面冶金技术要求表面冶金涂层整体上表面粗糙度小、几何尺寸差别不大、宏观缺陷少。因此，为保证搭接时涂层的质量，关键问题是确定搭接率。搭接率 η_c 是指相邻两道涂层重叠的距离与等离子束有效加热直径的比。图中 a 为相邻两道涂层重叠的距离。

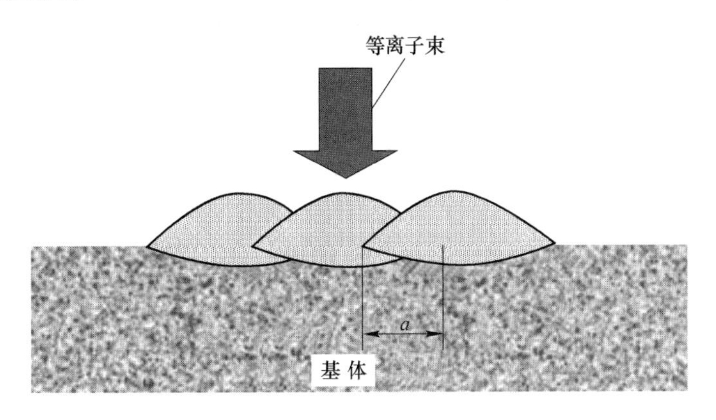

图 4-5 多道搭接处理示意图

搭接率是等离子束表面冶金技术中一个很重要的参数，它的大小将直接影响到成型表面的宏观平整程度，如图 4-6 所示。如果搭接率选择不好，将导致表面成型不好。在进行搭接时，选择不同的搭接率将出现以下三种情况：

(1) 搭接率太小，两道相邻涂层之间有一条明显的凹陷区，但两道涂层的高度相同，如图 4-6(a) 所示；

(2) 搭接率选择适宜，两道相邻涂层之间表面平整且两道涂层高度相同，如图 4-6(b) 所示；

(3) 搭接率太大，后一道涂层高于前一道涂层，如图 4-6(c) 所示。

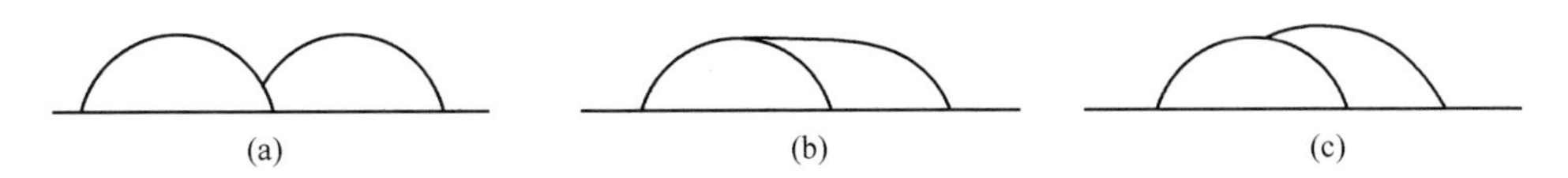

图 4-6 不同搭接率对涂层横截面积的影响
(a) 搭接率过小；(b) 搭接率适宜；(c) 搭接率过大

在上述三种情况中，图 4-6(b) 的情况最为理想，所得的涂层表面平整；图

4-6(a）的成型情况稍差，两道涂层的总体高度一致，因此涂层总体来说较为平整，但相邻涂层之间存在凹陷，涂层在服役时最容易先在此处失效；图 4-6(c）基本上得不到平整的涂层，所以应该避免出现这种情况。

图 4-7 所示为搭接率适宜时涂层横截面形状示意图。图中 r 为等离子束有效加热半径，c 为相邻两道涂层重叠的距离，h 为表面冶金涂层的厚度。

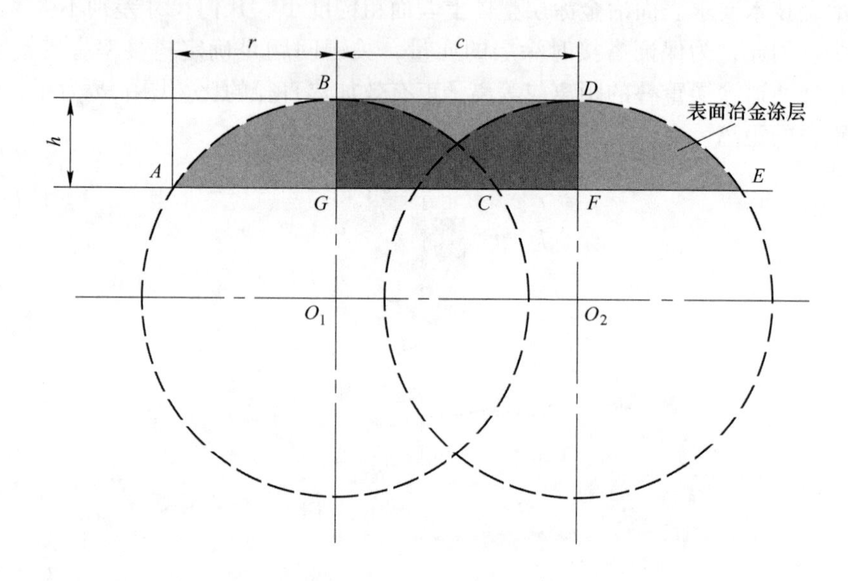

图 4-7　搭接率适宜时涂层横截面形状示意图

下面以图 4-7 来讨论获得理想情况下搭接效果适宜时的搭接率 η_c，首先假设以下条件成立：

（1）由于采用同步送粉，每一道涂层的送粉量相同，即每一道涂层的横截面积相等。

（2）搭接涂层的横截面形状如图 4-7 所示。第一道横截面形状为一弓形，其圆心为 O_1 点，第二道的圆心为 O_2 点，其右半部分的形状与第一道一样，而 O_1O_2 之间的涂层表面为平面。

（3）每道涂层的最高点厚度相等。

根据假设条件（1）～(3)，有：

$$S_{ABC} = S_{BDEC} = S_{BDFG} = hc \tag{4-1}$$

$$S_{ABC} = \left(\frac{r^2 + h^2}{2h}\right)^2 \arcsin\frac{2rh}{r^2 + h^2} - r\frac{r^2 - h^2}{2h} \tag{4-2}$$

$$a = 2r - c \tag{4-3}$$

由式（4-1）和式（4-2）计算可得：

$$c=\frac{\left(\frac{r^2+h^2}{2h}\right)^2\arcsin\frac{2rh}{r^2+h^2}-r\frac{r^2-h^2}{2h}}{h} \tag{4-4}$$

所以搭接率为：

$$\eta_c=\frac{a}{2r}=\frac{2r-c}{2r}=\frac{2r-\left[\left(\frac{r^2+h^2}{2h}\right)^2\arcsin\frac{2rh}{r^2+h^2}-r\frac{r^2-h^2}{2h}\right]}{2r} \tag{4-5}$$

在等离子束表面冶金中，单道等离子表面冶金涂层的厚度 h 不可能大于等离子束光斑的半径 r，即：

$$h\leqslant r \tag{4-6}$$

所以在等离子束光斑半径 r 固定的情况下，根据式（4-4）就可以计算出不同厚度涂层的搭接率。表 4-4 为涂层不同厚度下的搭接率。

表 4-4 涂层不同厚度下的搭接率（$r=5$mm）

h/mm	5	4	3	2	1
η_c/%	22	26	29	32	33

由表 4-4 可以看出，涂层越厚，搭接率较小时就可以得到表面平整的涂层，当涂层过薄时，为了得到平整的涂层，搭接率的值较大。事实上，在搭接处，涂层在实际的凝固过程中，由于表面张力的作用涂层更容易铺展而形成平面，所以实际搭接率可以比计算出来的略小。在对截齿表面进行等离子束表面冶金强化处理时，在其表面制备的涂层约为 3mm 厚，此时搭接率 η_c 取 25% 左右即可。

4.2.2 搭接对涂层组织性能的影响

搭接表面冶金涂层在总体上仍遵循快速加热、快速凝固的组织特征，但是由于其过程加热的特殊性，又有自身显著的特点。搭接区由于存在二次扫描现象，致使搭接区组织和性能呈周期性的变化。图 4-8 所示为 FeCrCNiSiB 涂层多道搭接处的微观组织。

在搭接区，受到多重等离子束的扫描，原来的表面冶金涂层再次被加热、冷却，在热的影响下，碳化物弥散重组，形成了图中菊花状的细小颗粒。在等离子束表面冶金多道搭接处理中，由于等离子束在试块小面积范围内连续往复加热，使等离子束扫描时间多于单道处理的时间，从而使基体材料温度高于单道处理的温度，在等离子束功率、扫描速度和光斑直径相同的条件下，多道处理的基材将被较多地熔化，稀释率比单道处理的高。而且，多道搭接时，冶金熔池存在的时间比单道处理存在的时间长，有利于表面冶金涂层中气泡的溢出。

另外研究表明，多道搭接处的表面冶金涂层的显微硬度略低于单道表面冶金涂层硬度。造成这种硬度差别的原因为：等离子束表面冶金熔池的不同冷却速率

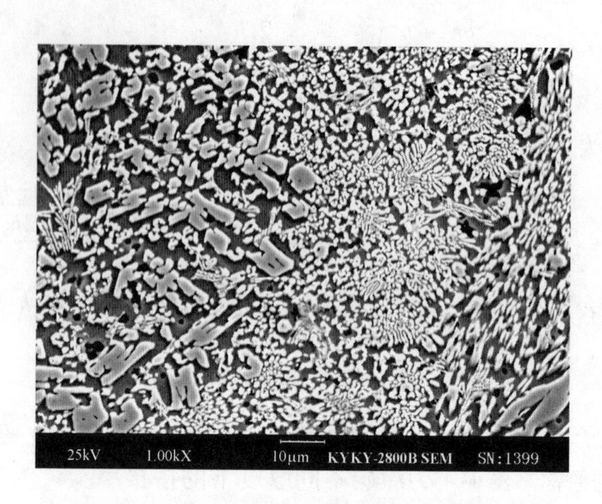

图 4-8　FeCrCNiSiB 涂层多道搭接处微观组织

影响涂层的凝固组织。单道处理前的试样是处于室温状态，与熔池液态金属之间存在着非常大的温差，如此大的过冷度加之较快扫描速度和较短的等离子束作用时间，使涂层凝固时产生很大的冷却速度；而多道搭接处理前的试样由于上一道的加热已经使其具有很高的温度，如此高的温度，必然减小熔融金属与基材的温差，减小凝固时的冷却速率。因此，较大冷却速率的单道处理表面冶金涂层比较小冷却速率的多道处理表面冶金涂层具有更加细小的涂层组织，从而具有更高的硬度。硬度差别的另一个原因是多道处理时的二次加热产生的退火效应以及稀释作用。

5 等离子束表面冶金机理研究

等离子束表面冶金为动态熔化（包括基体材料和粉末材料的熔化）、凝固过程。等离子束形成的熔池虽小，却存在着强烈的传热、传质等现象，它们将直接影响涂层的宏观组织形貌、微观成分的均匀性及其他物理冶金性能。因此深入研究等离子束表面冶金过程中的机理（熔池中的流动、热传导、对流、温度场分布、等离子束与粉末、基体相互作用等问题），对于深入理解等离子束表面冶金本质及实际工程应用都具有重要指导的意义。

5.1 等离子束表面冶金中熔体对流运动及影响因素

等离子束表面冶金过程中，在等离子束作用下，在液态金属熔池中存在金属熔体的对流运动，熔池内部存在的各种力是产生其流动的原因。影响金属熔体对流的因素可以分为两个方面：一方面是工艺性的，如功率、扫描速度、等离子束有效加热直径大小及其能量分布等。由于它们的综合作用决定了熔体的温度梯度和最高加热温度，进而影响熔体中的熔体对流。另一方面是材料性的，如合金组分、浓度、密度等参数。由于它们的变化，影响了熔体中的传热和传质机制、过程及其行为，进而影响到熔池中的熔体对流。当然这两方面因素的影响相互之间有一定的联系，正是它们的综合作用决定了金属熔池中熔体流动特征。

5.1.1 等离子束表面冶金熔池流动特征

等离子束表面冶金加热作用下的液态相变是以金属熔池作为物质对象而进行的。熔池的流动特征将直接影响随后的液态金属凝固过程中的传热、传质过程，进而影响形核和生长过程，因此研究熔池的特征可以更好地理解和掌握液态相变和凝固组织的形成规律。

在等离子束表面冶金过程中，大功率的等离子束与基体金属交互作用而产生熔池，金属合金粉末的熔化是一个十分复杂的物理过程，熔池内既有动力学问题，又有运动学问题。从动力学角度看，熔池内同时存在传热和对流传质等现象，它们直接影响熔池形貌、组成和成分的均匀性及其他物理冶金性能。从运动学角度看，它是个复杂的动态表面波传动过程，存在表面张力波和重力波，直接影响表面冶金涂层的表面形貌，产生表面波纹。

在激光熔覆及电子束热处理中，作用在金属熔池内的流体单元上的力有多种形式。主要包括体积力和表面力两大类。其体积力主要由熔池内的温度差（ΔT）和浓度差（Δc）所引起的浮力所致，而其表面力则主要由熔池表面的温度差（ΔT）和浓度差（Δc）所引起的表面张力差所致[1]。等离子束表面冶金过程与激光熔覆及电子束热处理有相似之处，同时也有自身独有的特点，在等离子束表面冶金中，除了上述体积力和表面力外，还有等离子束自身的机械冲击力[2]，将此归纳于表 5-1 中。

表 5-1　等离子束作用下熔池内各种作用力

序号	名　称		物 理 量
1	体积力	重力差（温度差引起）	$g\beta_T\rho\Delta T$
		重力差（浓度差引起）	$g\beta_c\rho\Delta T$
		静压力差（熔池表面起伏引起）	$g\rho\Delta h$
2	表面力	表面张力差（温度差引起）	$\frac{\partial\sigma}{\partial T}\Delta T$
		表面张力差(浓度差引起)	$\frac{\partial\sigma}{\partial c}\Delta c$
3	机械力	电磁力（等离子束自身磁场作用产生）	F_1
		等离子束流力	F_2

注：g—重力加速度；ρ—密度；β_T—与温度有关的线膨胀系数；β_c—与浓度有关的线膨胀系数；$\frac{\partial\sigma}{\partial T}$—表面张力随温度变化系数；$\frac{\partial\sigma}{\partial c}$—表面张力随浓度变化系数；$\Delta T$—温度差；$\Delta c$—浓度差。

通常金属熔体的表面张力可以表示为：

$$\sigma = f(T, x_i) = \sigma_0 - sT \quad (i = 1,2,3\cdots) \tag{5-1}$$

式中 σ——熔体的表面张力；

T——金属熔体的温度,℃；

x_i——熔体的组分浓度,%；

σ_0——金属材料的表面焓；

s——其表面熵。

显然，$\mathrm{d}\sigma/\mathrm{d}T = -s$。由于表面熵 s 恒大于零，所以表面张力的温度系数恒小于零，也就是说，对金属熔体系统而言，其表面温度越高，相应地其表面张力越小。研究表明：在等离子束照射下，在等离子束中心附近的熔体表面温度最高，而偏离熔池中心区域越远，其熔体的表面温度越低。相应地，表面张力在熔池表面上的分布规律为：熔池中心附近的熔体表面张力最低，熔池表面附近的熔体表面张力最高。因此，在液态金属凝固过程中，在熔池表面上存在表面张力梯度。这种表面张力梯度一方面会使凝固后的材料表面产生凹凸不平的波纹皱折缺陷；另一方面，表面张力梯度可以成为合金熔池中对流的驱动力，这种对流作用对合金熔池内的合金元素的混合搅拌，使得制备的表面冶金涂层成分在宏观上基本均匀。

在等离子束表面冶金过程中，等离子束以恒定的速度运动。以等离子束中心为坐标原点，建立坐标系，Y 轴为熔池深度方向，Z 轴为等离子束运动的方向。在此给定的坐标系中，表面张力受到熔池表面的温度变化及其溶质浓度变化的影响，即 $\sigma=\sigma_0+\frac{\partial\sigma}{\partial T}\Delta T+\frac{\partial\sigma}{\partial c}\Delta C$，而 $\Delta\sigma=\sigma-\sigma_0$，$r=\sqrt{x^2+y^2}$，则：

$$\Delta\sigma/\Delta r=\frac{\partial\sigma}{\partial T}\frac{\mathrm{d}T}{\mathrm{d}r}+\frac{\partial\sigma}{\partial c}\frac{\mathrm{d}c}{\mathrm{d}r} \tag{5-2}$$

式中　r——熔池半径。

显然，当等离子束作用下的熔池表面存在温度梯度$\frac{\mathrm{d}T}{\mathrm{d}r}$或溶质浓度$\frac{\mathrm{d}c}{\mathrm{d}r}$时，势必产生一个表面张力梯度 $\Delta\sigma/\Delta r$，由此引起熔体的对流驱动力[3]。

$$f_\sigma=\left[\frac{\partial\sigma}{\partial T}\Delta T+\frac{\partial\sigma}{\partial c}\Delta c\right]\delta(y)H(d-r) \tag{5-3}$$

$$\delta(y)=\begin{cases}1 & v=0\\0 & v\neq0\end{cases}$$

$$H(d-r)=\begin{cases}1 & r\leqslant d/2\\0 & r>d/2\end{cases}$$

$\delta(y)$ 和 $H(d-r)$ 表明表面驱动力仅存在于熔池表面，它是一个表面力。d 是给定系统的熔池的直径，它是由工艺参数和材质决定的；r 是一个变量。

另外，在重力场作用下，当等离子束辐射的金属熔池内存在温度梯差和浓度差时，将由浮力作用引起熔体流动，从而形成驱使熔体流动的驱动力 f_b。

$$f_\mathrm{b}=-(\rho\beta_\mathrm{T}\Delta T+\rho\beta_\mathrm{C}\Delta c)g \tag{5-4}$$

负号表示浮力 f_b 与重力 g 反向。f_L 是一个体积力，它存在于熔池内部。在等离子束表面冶金过程中，由于熔池相对比较浅，因而一般不考虑静压力差的作用。

由于在熔池的深度方向上存在上高下低的温度分布特征，在重力场作用下，其密度的分布则是上小下大，形成一种正楔形分布状态，即稳定状态，如图 5-1(a) 所示。这是一种稳定的热力学状态，在此条件下不能形成自然对流。但由于在金属熔池的水平方向上仍然存在大的温度梯度，熔池的水平温度差导致重力分布是一倾斜楔形分布，如图 5-1(b) 所示，即所引起的浮力使热端熔体向上运动（与重力相反），而冷端熔体向下运动（与重力同向），这就构成了一个自然对流。通过自然对流，使熔池下部区域的熔体向其上部区域及其表面流动[4~6]。

在等离子束表面冶金中，等离子束的机械力主要包括电磁力和等离子流

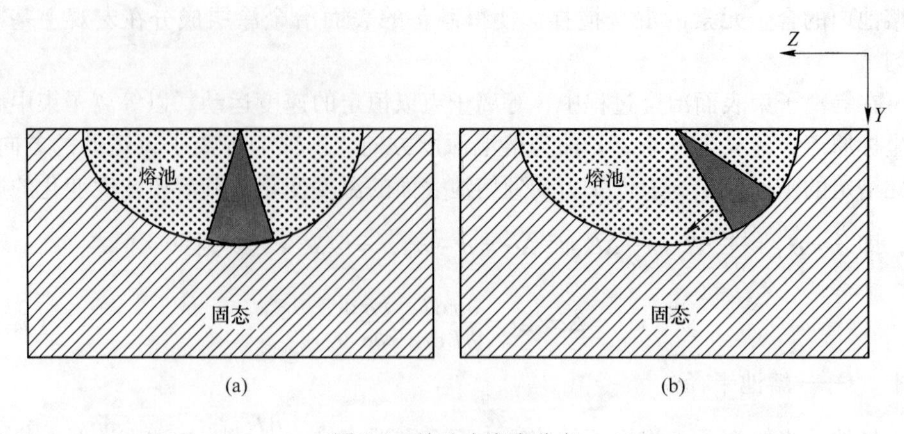

图 5-1　熔池中密度分布

力。在等离子束表面冶金过程中，等离子束本身是一种高温导体，在直流放电过程中有大的定向电流通过，进入熔池的电流在等离子束正下方有着较高的电流密度。

设等离子束圆柱的半径为 R，等离子束电流为 I，可以把电弧看成由无数小股平行的电流组成，则每一小股电流都受到一个洛伦兹力 f，它是由各股电流的感应磁场作用于该股电流所形成的。由力的方向可知，各股电流相互吸引，产生自磁压缩效应，这表现为产生一个作用于等离子束电弧的附加压力 ΔP_e[7,8]：

$$\Delta P_e = \frac{5}{3}\frac{\mu_0}{4\pi}\frac{I^2}{\pi R^2} \tag{5-5}$$

式中　μ_0——真空中的磁导率。

郭鸿志等人[9]通过计算推导了阴极射流对熔融金属液面的冲击力：

$$F_1 = 10^{-7} I^2 \ln(1 + \sqrt{z/R_c}) \tag{5-6}$$

式中　z——等离子束长度；

R_c——阴极斑半径。

该作用力作用于熔池，使熔池的中心区出现凹陷，对熔池表面金属形成从熔池中心向熔池周边区流动，在实验中能明显发现这种冲击导致熔池液面下凹。

贾昌申等人[10]研究表明，等离子束电弧的等离子流力计算公式为：

$$F_2 = KI^2 \tag{5-7}$$

式中，$K = (1.24 \sim 1.33) \times 10^{-6}\,\text{N/A}^2$。

表 5-2 是根据式（5-6）和式（5-7）计算的金属液面的冲击力及等离子流力。将式（5-6）和式（5-7）计算出来的 F_1 和 F_2 比较可以发现，在等离子束产生的机械力中，等离子流力是主要的，几乎占了等离子束机械力的 85%以上。

表 5-2 不同电流强度下等离子束的附加压力和等离子流力

项 目	I/A				
	150	200	250	300	350
F_1/N	0.0033	0.0057	0.0089	0.013	0.017
F_2/N	0.029	0.057	0.081	0.12	0.16
F_1/F_2	0.11	0.10	0.11	0.11	0.11

注：在等离子束表面冶金时，等离子束轴向距离为30mm，等离子阴极斑半径为3mm。

5.1.2 等离子束表面冶金熔池表面特征

从理论上讲，对于等离子束表面冶金而言，在体积力、表面力和机械力的作用下，熔池的流动使熔体有向边缘流动的倾向。如果基体温度又很低，凝固后的熔体很容易形成亏月牙形表面。但是在实际中，却不存在这种现象，表面冶金涂层为一凸起的山峰表面（图 5-2），这主要是由于实际过程中等离子束不是静止不动的，而是一个连续的运动过程。

图 5-2 实际等离子束表面冶金涂层形貌

熔池的几何特征在任一时刻 t 如图 5-3 所示。此时，熔池形如亏月牙形。在 $t+\mathrm{d}t$ 时刻，其截面向前移动了一定的距离，等离子束前沿的金属固相区域将发生熔化，而其后沿的熔池区域不断地凝固。其凝固特征不再为火山口状，而是一个平面。熔池表面的凝固特征主要取决于熔池内的回流状态，即决定于材料的热物性、表面张力、润湿特性和高能束加热工艺参数的综合作用。在一般情况下，液态金属系统的表面张力系数小于零。这意味着表面张力差的作用结果是使熔池表面中心区域的熔体流向熔池表面的边缘地区，对流的结果使熔池表面形状呈亏月牙形。当熔池表面熔入了氧、硫、硼、硅等表面活性元素时，表面张力将反向，相应的对流结果是使熔池表面形状呈山峰状，凝固后表面冶金涂层就呈现图 5-2 所显示的形状[11]。

5.1.3 表面冶金涂层内合金元素的分布

前面研究表明，在等离子束表面冶金过程中，在等离子束的作用下，金属熔池的对流驱动力主要来自三种不同的力的作用：表面张力梯度引起的强制对流机

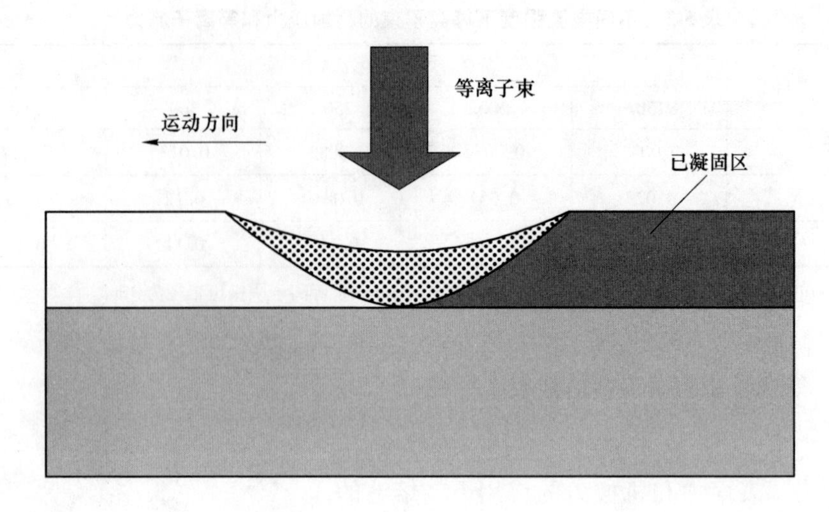

图 5-3 t 时刻，运动等离子束作用下的熔池表面特征

制、熔池水平温度差梯度决定的浮力引起的自然对流和等离子束冲击力产生的搅拌。表面张力仅作用于熔池表层，浮力作用于熔池内部，等离子束的冲击力较小时作用于熔池表层，较大时也可以作用于熔池内部。

图 5-4 给出了等离子束表面冶金过程中熔池内的流场运动方向，即对流传质示意图，与实验中观察发现熔池中金属熔体流动情况基本吻合。由于在等离子束表面冶金熔池中，液态金属的对流运动的观察的难度较大。为了验证熔池中对流按照理论预计的形式进行流动，本节对表面冶金涂层中合金元素的分布进行了分析，从这一角度来研究熔池中的对流运动方式。

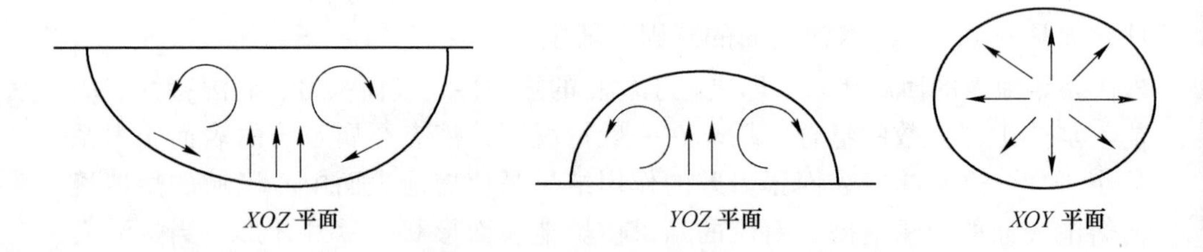

图 5-4 熔池中熔体对流示意图

对配方 F03 表面冶金涂层层中各溶质元素成分线扫描如图 5-5 所示。Cr、Fe 元素分布存在着界面扩散。界面处，从基材到合金层 Cr 元素逐渐增加，Fe 元素逐渐减少，形成界面“梯度扩散层”，有利于合金涂层与界面的结合。在合金涂层内部，Cr、Fe、Si 元素的波动较小，说明 Cr、Fe、Si 元素分布较均匀；Ni、B、C 元素的波动相对较大，说明 Ni、B、C 元素存在近程分布不均，凝固时存在

溶质的近程扩散过程。从成分的线扫描结果可知，界面的元素扩散量较少，原因是涂层中合金元素向基材的溶解－扩散受到基材快速冷却的限制。从涂层整体的成分分布看，由于被熔化的基材金属与合金化粉末在熔池中进行了比较充分的混合，凝固过程中没有显著的宏观成分偏析，但受等离子束流短时作用（扫描速度快）的影响，熔体状态保持时间较短，合金元素非平衡分配系数的变化引起熔体局部的成分起伏，导致熔体中各微小区域之间出现成分的微小差异。而涂层凝固组织形态的差异（平面晶、树枝晶等）主要受等离子表面冶金过程中快速凝固传热条件的影响。因此，等离子束表面冶金熔池中存在的对流对表面冶金涂层组织、合金成分的均匀化有促进作用，对流搅拌传质作用能充分搅拌熔池，使熔池中气体夹杂物上浮析出，形成较为致密的涂层。但由于等离子束表面冶金是一快速凝固过程，因此在实际工艺中也必须选择合适的工艺参数，才能保证表面冶金涂层的质量。

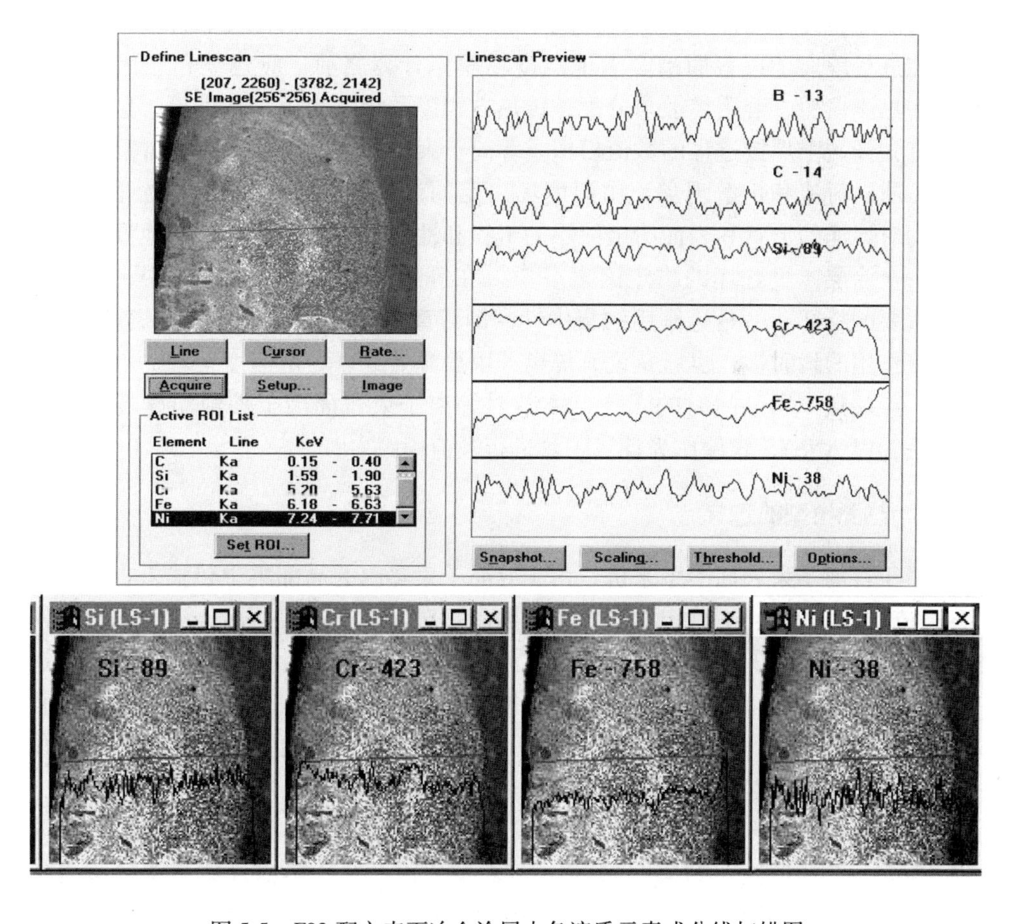

图 5-5　F03 配方表面冶金涂层中各溶质元素成分线扫描图

5.2　等离子束表面冶金温度场模型的研究

在等离子束表面冶金过程中，熔池内温度场的分布直接影响其对流、传热和传质，进而影响其凝固过程和成分的均匀性。因此等离子束表面冶金熔池温度场的分布对涂层质量是很重要的。由于在等离子束表面冶金过程中，其加热和冷却速度都很快，同时熔池的尺寸较小、温度极高而且分布不均匀，熔池本身位置又在不断变化，很难用实验的方法精确测量熔池中液体金属的温度场分布。因此，采用数值模拟的方法对不同工艺参数条件下熔池的温度场的研究受到了国内外专家学者的重视。20 世纪 50 年代开始用数值法来解决传热学中的温度分布问题。由于手工计算工作量大，使数值法的使用受到限制。随着计算机的应用和发展，数值法的繁重的计算可以由计算机来代替，使得数值法解热传导微分方程向两个方向发展，即差分法和有限元法[12]。在早期的数值模拟中，大多采用 Fotran、C 等语言。随着计算软件的发展，出现了 ANSYS、MARC 等有限元软件。

在进行等离子束表面冶金熔池温度场模拟计算之前，应建立相应的物理模型，如热流模型、溶质扩散与分配、传热方式以及相关的边界条件等。这方面的工作首先开始于焊接过程的数值模拟。等离子束表面冶金熔池内存在着复杂的传热、传质、对流和扩散现象，由温度场决定的流场和熔池中的各种物理化学反应，均对熔池的形状和表面冶金涂层的组织和性能产生影响，所以熔池温度场是表面冶金涂层质量好坏的决定因素[13,14]。在等离子束表面冶金过程中，热传递两个重要的特征：一是热作用的集中性，即等离子束热源集中作用于熔池部位；二是热作用的瞬时性，也就是说，等离子束热源始终以一定速度运动，因此对工件某一点的热作用是瞬时的[15,16]。本节对等离子束表面冶金熔池温度场采用有限元法，以 ANSYS 软件作为计算工具进行数值模拟[17,18]。

5.2.1　热源模型的选择

对于等离子束表面冶金来讲，由于等离子束热源的局部集中热输入，致使工件存在十分不均匀、不稳定的温度场，因此，对等离子束表面冶金温度场数值模拟而言，热源模型的选择是否恰当，对温度场的数值模拟计算精度，特别是靠近热源的地方，会有很大的影响。在对温度场数值模拟的研究中，人们提出了一系列的热源计算模式，所有热源的共同点是忽略在熔池中的复杂过程，特别是熔化和结晶过程中的熔区移动和借助对流和热辐射的传热。

热源一般可以简化为点状热源、线状热源和面状热源三种。其中点状热源（点热源）作用于半无限体或立方体或厚板的表面；线状热源（线热源）垂直作用于平面；面状热源（面热源）作用于杆的截面上[19]。常用热源的几种形式如图 5-6 所示。

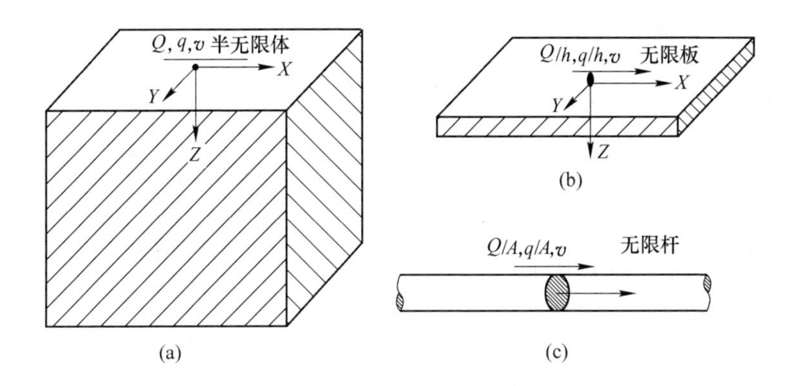

图 5-6 常用热源的几种形式

（a）点状热源；（b）线状热源；（c）面状热源

对等离子束表面冶金而言，处理的绝大部分中等厚度的平钢板，所以本书采用面状热源这种形式。由于等离子束能量分布不均匀，中心多而边缘少，因此众多研究者将该种热流密度分布近似的用高斯数学模型来描述。高斯热源模型的热输入热流密度沿加热中心的半径方向为高斯函数分布，如图 5-7 所示。

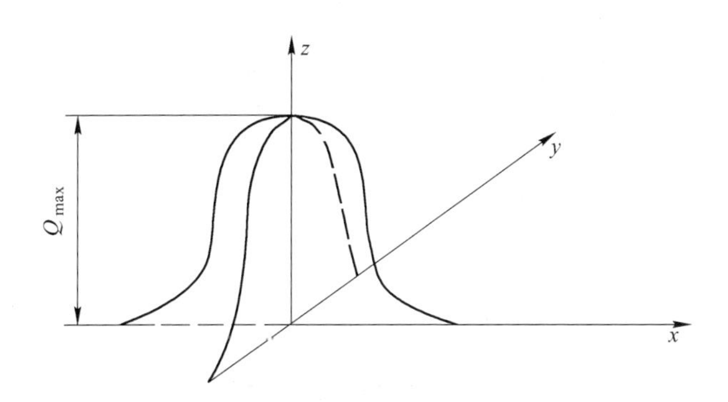

图 5-7 高斯热源分布

距加热中心任一点 A 的热流密度可表示为如下形式[20,21]：

$$q(r) = q_{m}\exp\left(-\frac{3r^{2}}{R^{2}}\right) \tag{5-8}$$

$$q_{m} = \frac{3}{\pi r^{2}}Q \tag{5-9}$$

式中 q_{m}——加热斑点中心最大热流密度；

R——等离子束有效加热半径；

r——A 点离等离子束加热斑点中心的距离。

5.2.2　熔池形态的数学描述

图 5-8 所示为连续移动等离子束表面冶金熔池示意图。为了描述瞬态熔池的动态行为，需要对不同时刻熔池中的传热和流动过程进行数值模拟，即本书要考虑的是一个瞬态过程。等离子束表面冶金处理开始以后，等离子束将能量传至工件，工件温度迅速升高，局部熔化形成熔池。熔池内的液态金属在多种力的作用下产生剧烈的流动；在熔池外部的固体区域，传热以热传导方式为主。当工件向周围介质散失的热量和从等离子束中吸收的热量相平衡时，熔池相对稳定，在宏观上达到"准稳态"，随着热源的移动，工件的温度随时间和空间急剧变化，同时还存在熔化和相变的现象。因此，该温度场分析属于典型的非线性瞬态热传导问题。

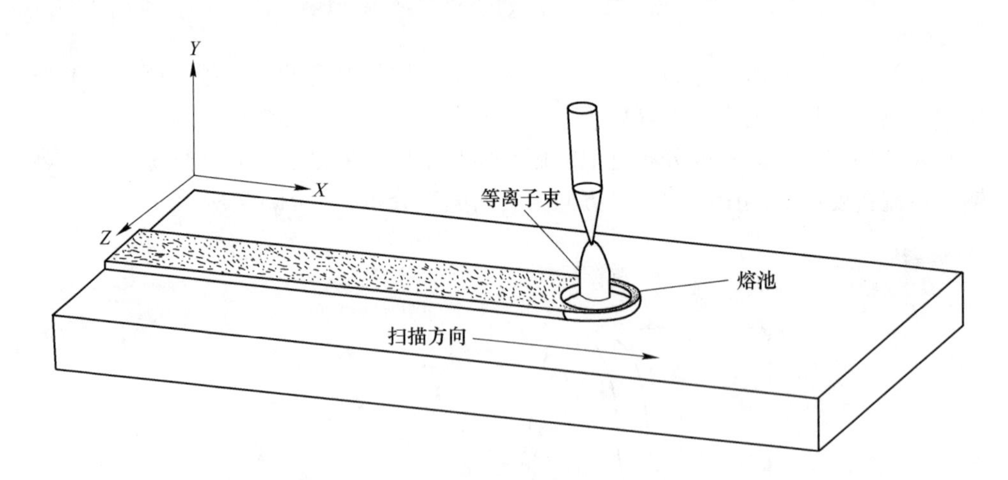

图 5-8　连续移动等离子束表面冶金熔池示意图

为了简化计算，同时既能保证模拟的计算精度，又可大大节约运算资源和时间，在三维非稳态模型的建立过程中做出以下假设：

（1）材料为各向同性，为理想塑性材料；

（2）由于合金粉末对熔池温度场的影响较小，忽略金属的填充熔敷作用；

（3）忽略等离子束对工件的辐射；

（4）忽略熔池流体的流动作用。

非线性瞬态热传导问题的控制方程为：

$$c\rho\frac{\partial T}{\partial t}=\frac{\partial}{\partial x}\left(\lambda\frac{\partial T}{\partial x}\right)+\frac{\partial}{\partial y}\left(\lambda\frac{\partial T}{\partial y}\right)+\frac{\partial}{\partial z}\left(\lambda\frac{\partial T}{\partial z}\right)+Q \tag{5-10}$$

式中　c——材料比热容；

　　　ρ——材料密度；

λ——导热系数；

T——温度场分布函数；

Q——内热源；

t——传热时间。

这些参数都随温度变化。

等离子束表面冶金过程的初始条件如下：$T(x,y,z,t)=T_0$（T_0 为环境初始温度，设为常数 25℃）。由于实验过程中工件各边与环境之间的对流和辐射换热，工件四周的边界条件为：

（1）Q235 钢板的下表面。在等离子束表面冶金过程中，由于 Q235 钢板搁置在工作台上进行处理，因此将 Q235 钢板的下表面视为绝热状态。

$$-k\frac{\partial T}{\partial y}=0 \tag{5-11}$$

（2）Q235 钢板的左表面和 Q235 钢板的右表面：

$$-k\frac{\partial T}{\partial x}=h(T-T_{\mathrm{a}}) \tag{5-12}$$

（3）Q235 钢板的前表面和 Q235 钢板的后表面：

$$-k\frac{\partial T}{\partial z}=h(T-T_{\mathrm{a}}) \tag{5-13}$$

式（5-11）~式(5-13）表示工件的外表面和周围环境存在对流换热。其换热系数 h 取为 $10\mathrm{W/(m^2\cdot ℃)}$[22]。

5.2.3 材料物理性能参数

金属材料的物理性能参数如比热容、导热系数、弹性模量、屈服应力等一般都随温度的变化而变化。当温度变化范围不大时，可采用材料物理性能参数的平均值进行计算。但等离子束表面冶金过程中，工件局部加热到很高的温度，工件整个温度变化十分剧烈，如果不考虑材料的物理性能参数随温度的变化，计算结果一定会有很大的偏差。所以在熔池温度场的模拟计算中一定要给定材料的各项物理性能参数随温度的变化值。但是，许多材料的物理性能参数在高温特别是接近熔化状态时还是空白，某些材料仅有室温数据，而高温性能参数对等离子束表面冶金过程的模拟结果和计算过程均有较大影响，会给模拟计算带来很大的困难。当然，通过实验和线性插值的方法可获得高温时的一些数据，但有时处理不当，就会导致计算不收敛或结果不准确。例如，熔池金属处于熔化状态，其屈服极限和弹性模量是没有实际物理意义的，但由于模拟计算是基于弹塑性理论的，这些参数必须为非零值，若参数取得过小会导致计算收敛困难，并且即使收敛也会使计算时间大幅度增加，参数取得偏大又会影响结果的准确性。

另外，在等离子束表面冶金过程中，存在着两类相变问题：一类是固态相变，即材料金相组织的转变；另一类是固液相变，即材料的熔化和凝固。材料在发生相变时，会吸收或释放一定的热能，所以在计算熔池温度场时，须考虑相变潜热问题，否则，计算结果会有很大的偏差。对于固态相变潜热，由于其一般比固液相变潜热小得多，通常可以忽略。对于固液相变，在温度场数值模拟中，可采用比热容突变法来进行近似处理，即将潜热的作用以比热容在熔化范围内的突变来代替。表5-3为材料物理性能参数[23]。

表5-3 材料物理性能参数

温度 T/℃	20	250	500	750	1000	1500	1700	2500
导热系数 λ/W·(m·℃)$^{-1}$	50	47	40	27	30	35	140	142
密度 ρ /kg·m^{-3}	7820	7700	7610	7550	7490	7350	7300	7090
比热容 c/J·(kg·℃)$^{-1}$	460	480	530	675	670	660	780	820
换热系数 h_f/W·(mm·℃)$^{-1}$	100	350	520	1000	1500	3000	3100	3500

5.2.4 ANSYS有限元模型的建立

有限元分析的目的就是还原一个实际工程系统的数学作用特征，即分析必须针对一个物理原型准确的数学模型。

基于课题研究目的的需要，同时考虑到计算资源的实际情况，本书所选用的试样尺寸为10mm×30mm×150mm，等离子束中心在平行于X轴的板边中心线上移动。X方向为等离子束扫描方向。ZX平面为对称面，由于对称性取其一半进行分析计算。网格划分如图5-9所示。

等离子束表面冶金过程中，工作电流I为300A，工作电压U为40V，热源效率η取0.3。等离子束加热斑点按表面移动热流处理，即用移动的高斯热源模型来模拟，等离子束加热斑点半径R为5mm，等离子束移动速度v取10mm/s和15mm/s两种情况。由于等离子束加热斑点是移动的，对于移动的实现，利用ANSYS的APDL语言编写子程序，采用离散的思想，进行多步循环来实现，具体做法如下：沿等离子束扫描方向将长度L等分为N段，将各段的后点作为热源中心，在其表面加载高斯分布的热源，每段加载后进行计算，计算时间为L/v，每一段的计算为一载荷步。当进行下一段加载（或下一载荷步计算）时，需消除上一段所加的高斯热流密度和热功率，而且上一次加载所计算得的各点的温度值作为下一段加载的初始条件。如此依次在各点加载即可模拟热源的移动，实现移动等离子束熔池瞬态温度场的计算。

ANSYS求解的步骤如下：（1）确定模型类型；（2）在前处理中选择单元类型；（3）输入材料物理性能参数；（4）建立模型并划分单元；（5）加载并确定时间步长；（6）将结果文件输出到数据文件中。

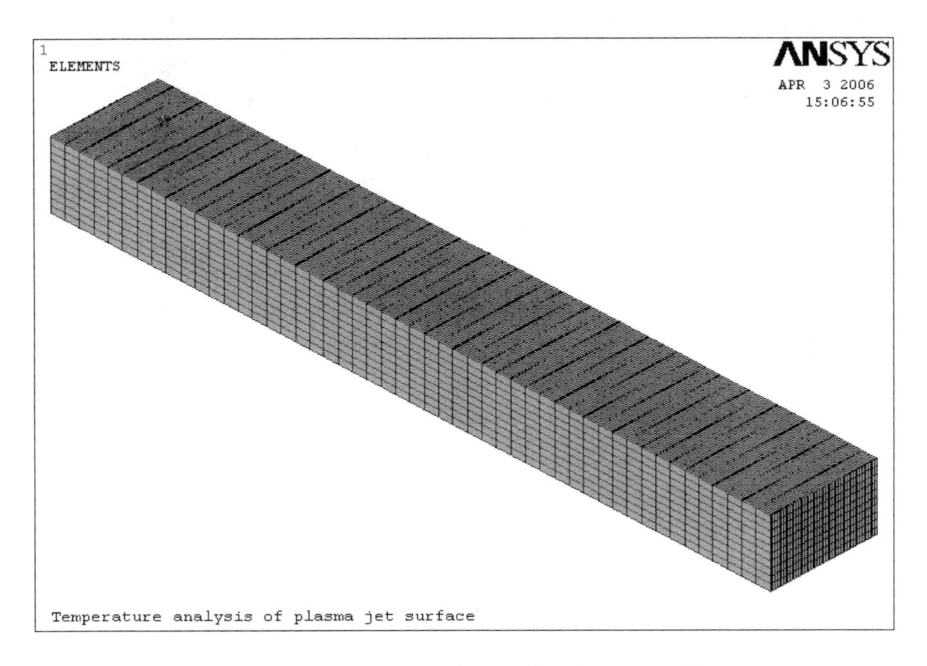

图5-9 连续移动等离子束表面冶金熔池有限元模型

5.2.5 计算结果与分析

利用ANSYS软件生成动画的功能，显示整个等离子束表面冶金过程中温度场的变化状况，图5-10为等离子束扫描时间为1s、3s、6s、10s时，*XOZ*平面的温度场分布情况。

从图5-10中可以清楚地看到，整个温度场动态变化的情况。随着热源的移动，工件上各点的温度随时间而变化，开始一段时间内，温度场很不稳定，而且工件升温非常迅速；经过一段时间后，工件会形成准稳态温度场，即工件上各点的温度虽然随时间变化，但各点以固定的温度跟随热源一起移动。如图5-10扫描时间为3s、6s、10s时高温部分的温度分布图形基本一样，只是整个位置有所移动。

等离子束表面冶金过程中温度场的变化规律是与外界热输入的水平、时间以及位置相关的。由于等离子束具有的极大的功率密度，当其照射到某一点时，该处的温度迅速升高，而移出该点后，温度又迅速下降，表现出典型的急热急冷特征。显然，等离子束功率密度越高，热输入量就越大，材料达到的最大温度也就越高。图5-11为等离子束扫描时间为6s时等离子束光斑位于工件表面中心时的温度场三维分布图。可以看出，移动的熔池表面形状不同于静止的等离子束形成的圆形熔池。熔池中的最高温度不在等离子束的中心，而是稍稍滞后于等离子束中心。扫描过后，工件温度迅速下降，受到加热历程的影响而呈拖着一个尾巴的彗星状。数值模拟显示，熔池内也存在着温度梯度，熔池中心温度大致为5000 ~ 6000℃，高于激光熔覆中熔池中心温度（温度大致为3000 ~ 4000℃[24]），这是因为等离子束表面冶金能量转换效率高于激光熔覆的效率。另外，模拟显示由于熔池最高温度稍稍滞后于等离子束光斑中心，所以在实际生产中，同步送粉送到等离子束形成熔池的后方为好。

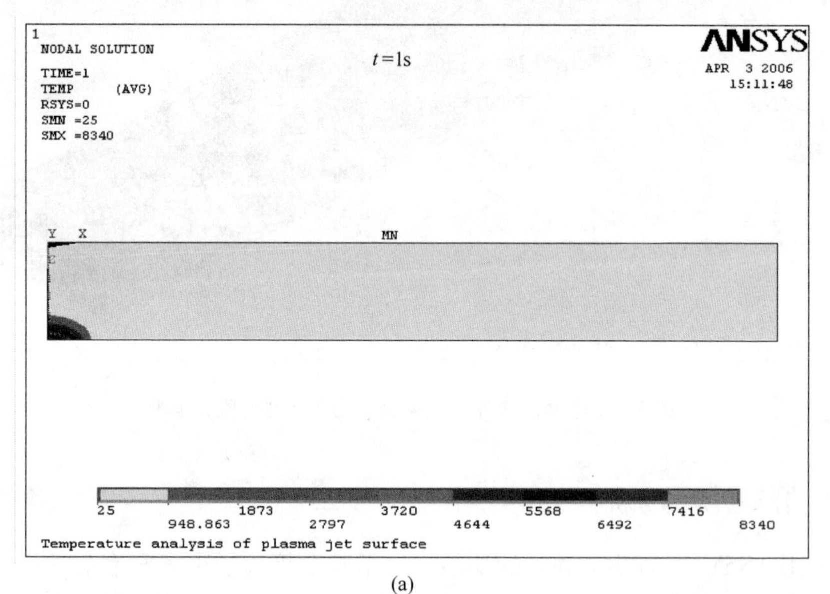

(a)

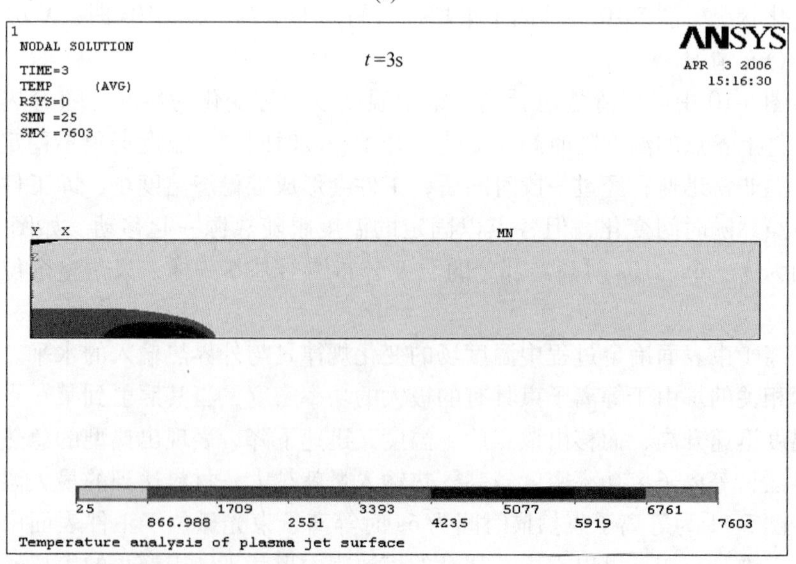

(b)

1
NODAL SOLUTION
t=6s
ANSYS
APR 3 2006
15:18:10
TIME=6
TEMP (AVG)
RSYS=0
SMN =25
SMX =7599
Y X
MN
25
866.515
1708
2550
3391
4233
5074
5916
6757
7599
Temperature analysis of plasma jet surface

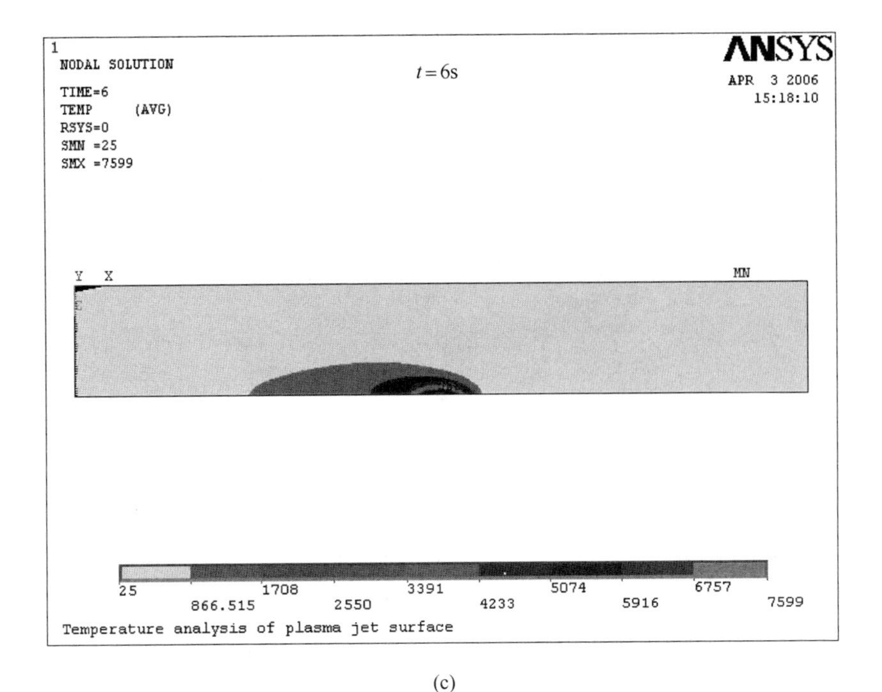

(c)

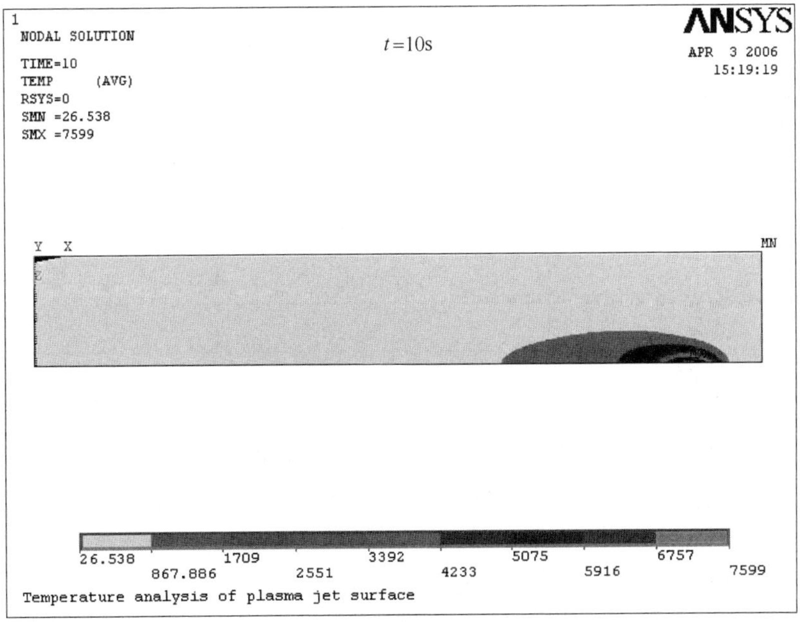

1
NODAL SOLUTION
t=10s
ANSYS
APR 3 2006
15:19:19
TIME=10
TEMP (AVG)
RSYS=0
SMN =26.538
SMX =7599
Y X
MN
26.538
867.886
1709
2551
3392
4233
5075
5916
6757
7599
Temperature analysis of plasma jet surface

(d)

图 5-10 等离子束扫描时间为 1s、3s、6s、10s 时，*XOZ* 面的温度场分布（$v = 10\text{mm/s}$）

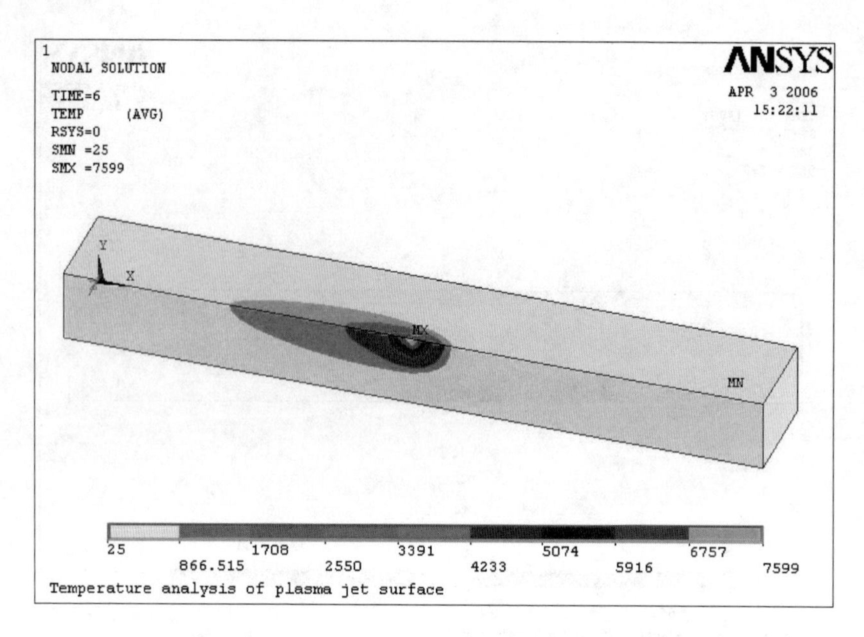

图 5-11 等离子束扫描时间为 6s 时，温度场三维分布图（v = 10mm/s）

由图 5-10 和图 5-11 可以测量到在扫描速度 v = 10mm/s 时熔池的熔宽和熔深，而实际等离子束表面冶金单道扫描处理后的试样的熔池的熔宽和熔深也可以测量到。表 5-4 为熔宽和熔深模拟值与实际测量值的比较。由表 5-4 可以看出，通过有限元 ANSYS 的计算得到的结果与实际试验值比较吻合，可以满足工程计算的要求，因此认为用 ANSYS 来计算等离子束表面冶金的温度场是可行的。

表 5-4 熔宽和熔深模拟值与实际测量值的比较

项　目	熔宽 w/mm	熔深 h/mm
模拟值	4. 4	3. 8
实际测量值	4. 5	3. 6

等离子束扫描速度也是影响表面冶金涂层质量的一个重要参数，在其他工艺参数不变的情况下，由于采用的扫描速度的不同，导致输入给熔池的能量上的差异，进而影响到温度场的分布。图 5-12 为扫描速度为 v = 15mm/s，扫描时间为 4s，等离子束光斑位于工件表面中心时的温度场三维分布图。与图 5-11 对比可以看出，随着速度的增大，熔宽和熔深都减小。这是由于虽然单位时间的等离子束热输入不变，但扫描速度的增大使得单位面积上获得的能量减少，此外虽然扫描速度的变化对于熔滴冲击力没有影响，但在工件纵深方向的作用时间短了也使得熔深减小。

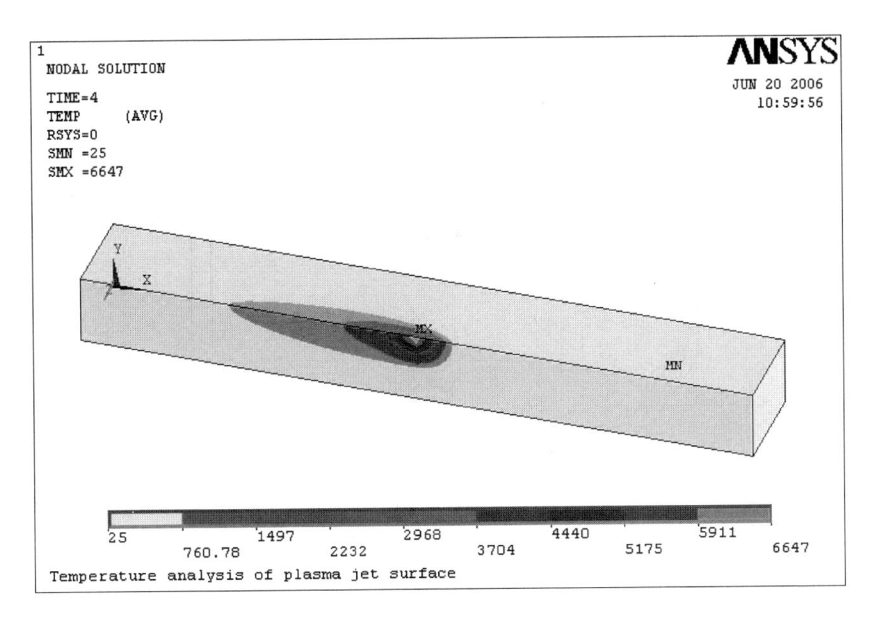

图 5-12 等离子束扫描时间为 4s 时，温度场三维分布图（$v=15\text{mm/s}$）

5.3 合金粉末与等离子束、基体的相互作用

等离子束表面冶金是利用高能等离子束的能量将合金粉末和基体同时熔化从而在基体表面形成表面冶金涂层。与预置法相区别，同步送粉等离子束表面冶金是在等离子束移动的同时，通过送粉器向熔池中喷射合金粉末，因此，同步送粉等离子束表面冶金实际上是等离子束、合金粉末颗粒以及基体相互作用的过程[25~27]。粉末材料在流经等离子束的过程中的热行为（如熔化，蒸发分解等）将影响到表面冶金涂层的性能。因此，对在等离子束表面冶金过程中合金粉末与等离子束和基体的相互作用的研究对规范工艺有很大的指导意义[28]。

5.3.1 合金粉末与等离子束相互作用

如图 5-13 所示，铁基合金粉末由 Ar 气输送，经过等离子炬中的送粉通道，然后在空中飞行一段距离后进入等离子束，在等离子束中受到加热后，进入等离子束表面冶金熔池。

由于铁基合金粉末尺寸较小，而且经过送粉气长时间的输送，席明哲、石力开[29]等研究者通过计算，近似认为合金粉末离开送粉通道末端的出口速度与粉末载气的出口速度是基本相同的。根据送粉通道粉末载气（Ar）流量 $\eta=0.2\text{m}^3/\text{h}$ 和送粉通道末端的面积 S，按下式计算出金属粉末的出口速度：

$$v_0=\frac{\eta}{S}=\frac{0.2}{\pi\times1.5^2}=7863\text{mm/s} \tag{5-14}$$

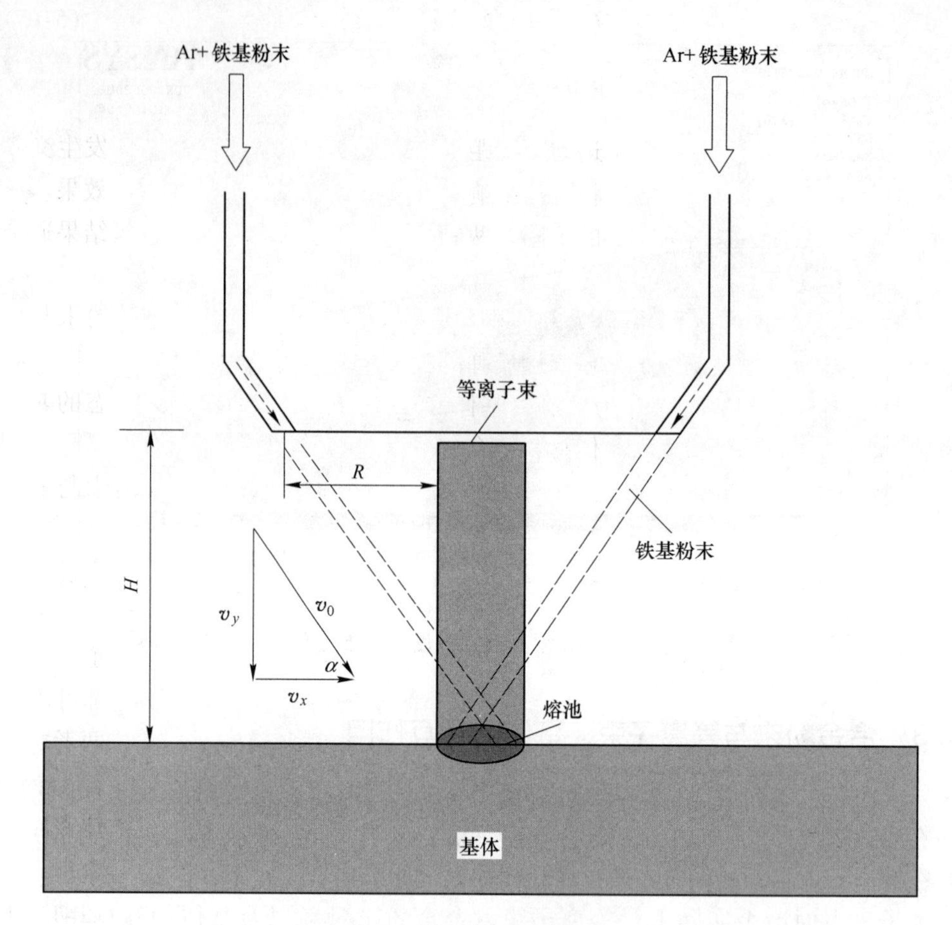

图 5-13　合金粉末与等离子束相互作用示意图

v_0 与 x 轴的夹角 α 为 60°，v_0 的水平速度分量 v_x 的值为：

$$v_x = v_0 \cos 60° = 3931\text{mm/s} \tag{5-15}$$

v_0 的垂直速度分量 v_y 的值为：

$$v_y = v_0 \times \sin 60° = 6809\text{mm/s} \tag{5-16}$$

当等离子束在基体上的有效加热直径为 10mm 时，粉末出口与基体表面距离 H 为 30mm。不考虑重力对粉末粒子运动的影响，铁基合金粉末离开送粉通道后的运动轨迹如图 5-13 中虚线所示。所以，粉末进入等离子束之前，在空中的水平飞行距离 R 为 15mm。飞行时间 $T_f = R/v_x = 0.0038\text{s}$，粉末在空中的垂直下降距离 H_1 为：

$$H_1 = v_y T_f = 6809 \times 0.0038 = 25.8\text{mm} \tag{5-17}$$

因此，粉末进入等离子束后，受加热的垂直距离 $H_2 = H - H_1 = 30 - 25.8 = 4.2\text{mm}$。所以，金属粉末在等离子中加热的平均时间为：

$$T_t = H_2/v_y = 4.2/6809 = 0.0006\text{s} \tag{5-18}$$

5.3.2　合金粉末与基体相互作用

当铁基合金粉末在等离子运动一定距离后，运动到基体表面与基体发生交互作用，而两者的交互作用结果将直接影响粉末的利用率以及最终的成型效果。根据合金粉末和基体材料的状态的不同，两者之间的相互作用及所产生的结果通常会有如下几种情况：

（1）粉末没有熔化，仍然为固体颗粒，基体表面未熔，即固态的粉末与固态的基体材料碰撞，其结果是粉末被反弹。

（2）粉末已经完全熔化为液滴，基体表面微熔，液态的粉末与液态的基体材料碰撞，其结果是粉末与基体材料结合。

（3）粉末没有熔化，仍然为固体颗粒，基体表面微熔，固态的粉末与液态的基体材料碰撞，其结果是粉末与基体材料结合。

（4）粉末一部分熔化，基体表面微熔，粉末在熔池中液态金属混合过程中吸收热量、升温后熔化，其结果是粉末与基体材料结合。

理论上讲，通过计算粉末到达时的温度和基体表面的温度就可以知道其处于哪一种情况，对于不同的合金粉末以及不同的工艺参数上面四种情况都可能发生。但是，要想使粉末与基体通过相互作用结合，就必须使粉末和基体两者之一处于液态，所以要尽量避免出现上面的情况（1）。在实际的等离子束表面冶金过程中，基体表面由于直接受到高能等离子束的扫描，高能量能够将基体表面微熔，出现的液态部分即为熔池，而粉末要想变为液态，就必须在等离子束中运动足够长的距离和时间。但是上一节分析表明，粉末颗粒在等离子束中的运动距离（5mm 左右）和时间（不到 0.0006s）都很小，因此事实上当粉末到达基体之前并没有完全熔化或只有部分熔化。

当粉末颗粒的尺寸较小时，粉末与基体之间的作用可以近似看作弹性作用。此时，未熔化或部分熔化的粉末颗粒能否被基体吸附取决于两个力的大小：运动颗粒与基体之间的碰撞所产生的弹力 F_1 和由表面张力引起的黏附力 F_2。前者使粉末离开基体，而后者则使粉末被液态金属所包裹，两者的比值决定了粉末是否被黏附，即有：

$$\frac{F_2}{F_1} = \frac{4\pi\sigma}{Krv_0^{6/5}} \tag{5-19}$$

式中　r——粉末颗粒的半径；

v_0——粉末颗粒的运动速度；

K——与材料性能有关的常数；

σ——表面内张力。

可见，粉末是否被吸附取决于粉末颗粒的大小和运动速度。对铁基合金粉末而言，$K \approx 1500 \mathrm{N \cdot s^{11/5} \cdot m^{-16/5}}$，熔点时的表面张力 $\sigma = 1675 \mathrm{ergs/cm^2}$[30]，粉末颗粒半径 $r = 100 \mu\mathrm{m}$，$v_0 = 7863 \mathrm{mm/s}$，计算表明式（5-19）的值大于1，所以进入熔池的粉末颗粒将与液相混合。前面的数值模拟已经表明，熔池中心温度大致为5000～6000℃，远远高于铁基合金粉末的熔点（其熔点为1400℃左右），所以在等离子束表面冶金过程中，能够将铁基合金粉末颗粒瞬间熔化后再凝固，与基体形成呈冶金结合的合金涂层。

参 考 文 献

[1] 刘江龙. 激光作用下合金熔池内的熔体流动 [J]. 重庆大学学报，1993，16（3）：109～114.

[2] 代大山，宋永伦，张慧，等. 等离子电弧力的研究 [J]. 焊接学报，2002，23（2）：51～54.

[3] Paul A. Free surface flow and heat transfer in conduction mode laser welding [J]. Metallurgical Transaction，1998，19B（6）：851～858.

[4] 邹德宁，雷永平，黄延禄，等. 移动热源条件下熔池内流体流动和传热问题的数值研究 [J]. 金属学报，2000，36（4）：387～390.

[5] 刘江龙，邹至荣，苏宝嫆. 高能束热处理 [M]. 北京：机械工业出版社，1997：80～96.

[6] 刘江龙，刘朝. 激光作用下合金熔池内的流体流动 [J]. 重庆大学学报，1993，16（5）：109～114.

[7] 李惠琪，钟国仿，吕反修. DC PJ CVD 等离子体炬通道中的电弧行为 [J]. 北京科技大学学报，1994，16（6）：547～550.

[8] 李惠琪. 大面积高速率金刚石膜生长 DC－Plasma Jet 设备与沉积工艺研究 [D]. 北京：北京科技大学，1994：10～20.

[9] 郭鸿志，张书臣. 直流电弧炉电弧速度场和温度场的数值计算 [J]. 钢铁研究学报，2003，15（1）：6～11.

[10] 贾昌申，肖克民，殷咸青. 焊接电弧的等离子流力 [J]. 焊接学报，1994，15（2）：101～106.

[11] 杨洗陈. 激光熔池中物理输送过程研究 [J]. 天津工业大学学报，2002，21（4）：1～7.

[12] 倪栋，段进，徐久成. 通用有限元分析 ANSYS7.0 实例精解 [M]. 北京：电子工业出版社，2003，101～113.

[13] Zhang Y M，Zhang S B. Observation of the keyhole during plasma arc welding [J]. Welding Journal，1999，78（2）：53～58.

[14] Tsirkas S A，Papanikons P，Kermanidis T. Numerical simulation of the laser welding process in butt-jiont specimens [J]. Journal of Materials Processing Technology，2003，134（1）：59～69.

[15] Male A T, Pan C. Processing effects in plasma forming of sheet metal [J]. Annals of the CIRP, 2000, 49 (1): 213 ~ 216.

[16] Anderson R, Maekawa T. Efficient simulation of shell forming by line heating [J]. International Journal of Mechanical Sciences, 2001, 43 (10): 2349 ~ 2370.

[17] Wang J. Improvement in numerical accuracy and stability of 3D FEM analysis in welding [J]. Welding Journal, 1996, 75 (4): 129 ~ 124.

[18] Wang J H. An FEM model of bucking distorition during welding of thin plate [J]. Journal of Shanghai Jiaotong University, 1999, E-4 (2): 69 ~ 72.

[19] 张朝晖，范群波，贵大勇，等．ANSYS 8.0 热分析教程与实例解析 [M]．北京：中国铁道出版社，2005：60 ~ 81.

[20] 张文钺．焊接传热学 [M]．北京：机械工业出版社，1989：13 ~ 25.

[21] 徐文骥，曲洪伟，方建成，等．金属板件等离子体柔性成型热过程计算与分析 [J]．中国机械工程，2004，15 (6)：543 ~ 545.

[22] 郝南海，陆伟，左铁钏．激光熔覆过程热力耦合有限元温度场分析 [J]．中国表面工程，2004，69 (6)：10 ~ 14.

[23] Tsai C. A computational analysis of thermal and mechanical conditions for weld metal solidification cracking [J]. Welding Research Abroad, 1996, 42 (1): 34 ~ 41.

[24] Huang Y L, Li J G, Liang G Y, et al. Effect of powder feeding rate on interaction between laser beam and powder stream in laser cladding process [J]. Raremetal Materials and Engineering, 2005, 34 (10): 1520 ~ 1523.

[25] Konopka U, Ratke L, Thomas H. Central collisions of charged dust particles in a plasma [J]. Physics Review Letter, 1997, 79 (7): 1269 ~ 1275.

[26] Pfender E, Chang C H. Plasma jets and plasma particulate interaction modeling and experiments [J]. Galvanotechnik, 1999, 90 (4): 1084 ~ 1096.

[27] Wang X B, Liu H. The metal powder's thermobehavior during plasma transferred arc surfacing [J]. Surface and Coating Technology, 1998, 106 (1): 156 ~ 162.

[28] Fu Y C, Loredo A, Martin B, et al. A theoretical model for laser and powder particles interaction during laser cladding [J]. Journal of Materials Processing Technology, 2002, 128 (1): 106 ~ 112.

[29] 席明哲，虞钢，石力开．同轴送粉激光成型中粉末与激光的相互作用 [J]．中国激光，2005，32 (4)：562 ~ 566.

[30] 周尧和，胡壮麒，介万奇．凝固技术 [M]．北京：机械工业出版社，1998：76 ~ 89.

6 等离子束表面冶金铁基涂层形貌及其组织特征

等离子束表面冶金是以等离子束扫描金属材料表面使其发生物理冶金和化学变化来达到材料表面强化的目的。通过合金粉末材料的合理选配，可以获得具有预期性能的合金涂层，从而明显改善金属零部件在不同服役条件下的各种表面性能。表面冶金涂层的成分、组织决定它的表面性能，而涂层的组织和成分又受到了合金粉末材料的合金元素配比和等离子束表面冶金工艺参数的影响。前面研究表明，在等离子束表面冶金过程中，等离子的快速加热冷却和基体的导热使熔池中金属溶液获得了极大的冷却速度，这种严重远离平衡态下凝固的快速激冷条件决定了表面冶金涂层凝固组织的特定，使其微观组织结构的形成变得相当复杂。

第4章通过对等离子束表面冶金工艺参数优化，在Q235钢表面可以获得连续均匀、宏观质量良好的铁基表面冶金涂层，本章对铁基等离子束表面冶金涂层凝固过程、微观组织，相组成、相结构特征等进行了研究，为深入理解等离子束表面冶金涂层的性能和后续强韧化机理分析及其应用研究奠定了基础。

6.1 等离子束表面冶金铁基涂层形貌

高质量的表面冶金涂层必须具有的条件是：（1）具有良好的宏观形貌，即光滑、平整，没有明显表面裂纹；（2）与基体的结合为冶金结合，内部没有微观裂纹和大量的气孔。这些条件的满足与粉末成分及物理化学性能（如热容量、熔点、熔化潜热、基体材料与粉末材料的相容性、粉末材料的粒度）和等离子束扫描参数（如等离子束功率、光斑直径、扫描速率）有着极为密切的关系，它们之间的合理配置及良好控制才能获得质量良好的表面冶金涂层。图6-1为粉末配方F01、F02、F03制备的表面冶金涂层宏观形貌。由图可以看出，粉末配方F01所制备出的表面冶金涂层宏观质量很差，内部气孔很多，氧化严重；粉末配方F02所制备出的表面冶金涂层宏观质量较好，但是涂层边缘与基体临近处有大小不等的“根瘤”；而粉末配方F03所制备出的表面冶金涂层宏观质量良好，表面光滑、平整。

研究表明，铁基合金粉末在等离子束作用下形成的熔池表面，氧化后形成FeO，FeO随后在等离子束的搅拌作用下被带到熔池的其他部位，这一方面使熔池表面有更多的FeO形成，另一方面进入熔池的FeO使液体金属中比铁亲氧性高的合金元素氧化，即产生脱氧造渣反应。在熔池的反应温度范围内，各元素对氧的亲和力依次为 Si、B、C、Cr 和 Fe。Si 和 B 是强脱氧元素，它们加入与否直接影响熔池中的脱氧造渣反应，这也将影响到熔池液态金属和所形成渣的黏度、表面张力等物理化学性质，从而影响到表面冶金涂层的成型、组织以及冶金缺陷产生。当合金粉中未加入 Si 和 B 时，熔池中参与脱氧反应的元素主要是 C。FeO 在高温下溶解于铁水，温度降低时将析出而形成夹杂，且因其表面张力比铁水小而易富集于熔池的表面或边缘。FeO 与 α-Fe 的晶格接近，在熔池底部的 FeO 与基体结合，使液态金属在有氧化物的基体上难于铺展而不易与基体形成良好的结合；在熔池表面的 FeO 则因与铁水的良好结合，造成脱渣性差，而使表面冶金涂层表面不光滑。而且，当合金粉中无 Si 和 B 元素时，则合金粉中的 C 成为主要的脱氧元素，反应形成的 CO 在熔池内部若不及时逸出就会导致表面冶金涂层产生气孔，同时因脱氧不足而形成的 FeO 而造成夹杂。所以 F01 配方（Fe-Cr-C）制备出来的表面冶金涂层质量很差，而 F02 配方（Fe-Cr-C-B-Si）制备出来的表面冶金涂层质量较好，但涂层边缘与基体临近处有大小不等的“根瘤”。而 F03 配方（Fe-Cr-C-Ni-B-Si）中由于还添加了元素 Ni，由于元素 Ni 能够提高合金粉末对基材的润湿性能，降低了表面冶金涂层的线膨胀系数，制备出来的涂层表面光滑，质量良好。

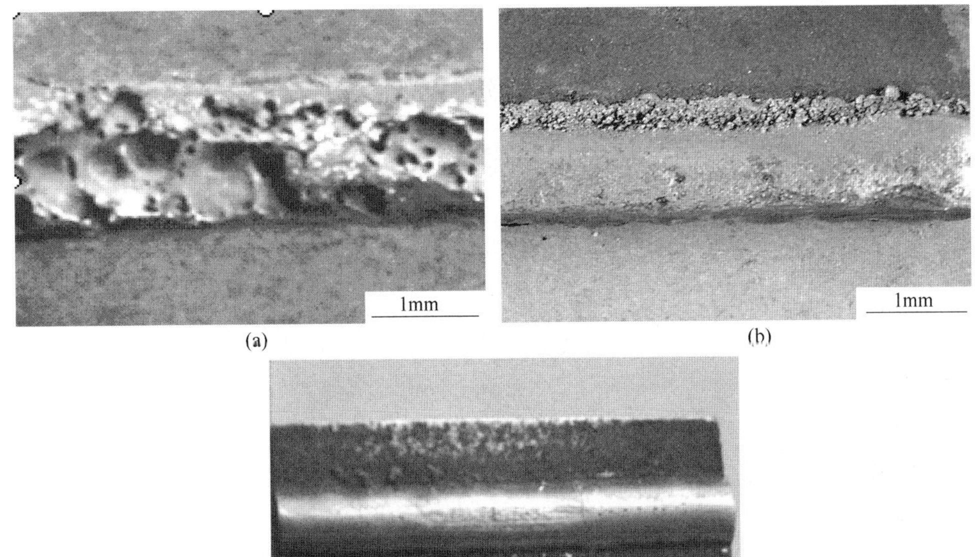

图 6-1 不同配方铁基表面冶金涂层宏观形貌

（a）配方 F01；（b）配方 F02；（c）配方 F03

由于配方 F01 所制备出的表面冶金涂层宏观质量很差，内部气孔很多，氧化严重，不具备使用价值，所以在以后的研究中主要针对配方 F02 和 F03 来研究铁基涂层的组织和性能。

6.2　等离子束表面冶金铁基涂层凝固过程分析

6.2.1　动态凝固过程分析

等离子束扫描过材料表面，把大量能量迅速传递给基体和粉末材料，使其快速熔化。当等离子束离开熔池后，由于基体金属材料的快速导热激冷作用，熔体立即以高冷速、高过冷度进行凝固。在等离子束连续扫描的过程中，该凝固是一个动态过程，在熔池的前半部分，合金粉末连续不断地进入熔池熔化，在熔池的后半部分，液态金属不断地脱离熔池形成固体，进行凝固过程。图 6-2 所示为动态凝固过程示意图。随着等离子束的连续扫描，熔池中的熔化和凝固同时进行着。在熔池的前半部分，固态金属连续不断地进入熔池内形成熔体，进行着熔化过程。而在熔池后半部分，液态金属不断地脱离熔池形成固体，进行着凝固过程。

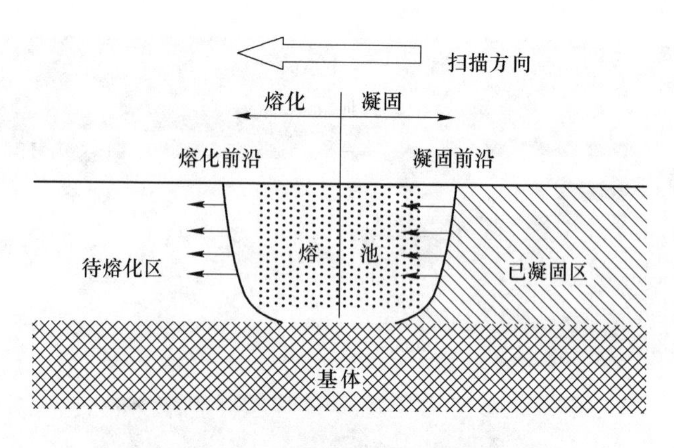

图 6-2　动态凝固过程示意图

在等离子束表面冶金过程中，由于金属熔池随高能束的扫描移动而前进，因此其最大散热方向在生长晶粒前沿不断改变方向，图 6-3 给出了熔池动态凝固过程中最大散热方向的变化过程。

当其他工艺参数一定时，在熔池动态凝固过程中，固液界面推移速度，即晶粒生长平均线速度 v_c 与等离子束扫描速度 v_b 之间存在一定的关系，如图 6-4 所示。

$$v_c = v_b \cos\theta \tag{6-1}$$

式中，θ 为固液界面法线方向与等离子束扫描方向之间的夹角。由上式可以看

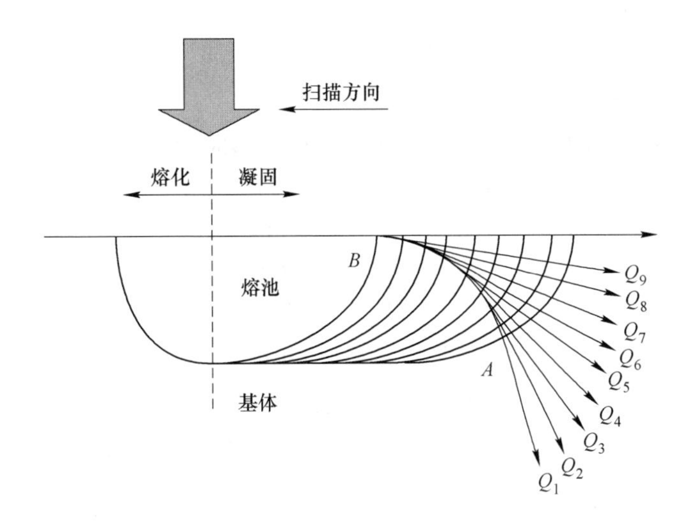

图 6-3 等离子束表面冶金熔池动态凝固过程中最大散热方向的变化过程

出，在熔池表面中心线附近，$\theta=0°$，$v_c = v_b$（水平方向）；在熔池底部，$\theta=90°$，$v_c=0$（水平方向）；而在其他区域，$0°<\theta<90°$，晶粒生长速度介于 $0\sim v_b$ 之间。因此，在动态凝固过程中，不同部位的晶粒生长平均线速度是在变化的。

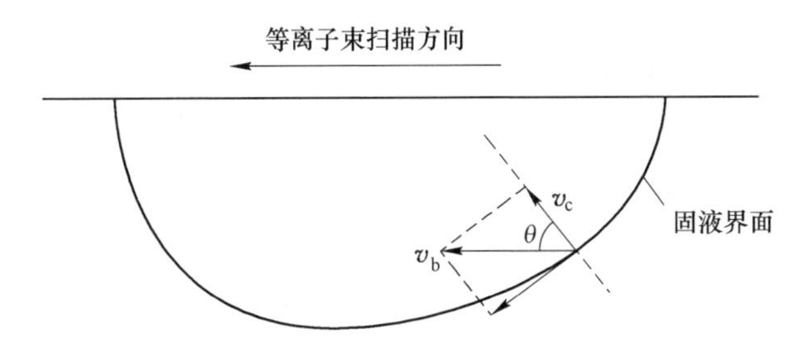

图 6-4 晶粒生长线速度分析图

6.2.2 涂层结晶过程分析

等离子束表面冶金熔池凝固过程实质是熔池中液态金属结晶的过程，也是一个形核和晶核长的过程[1]。金属的结晶形核分为均匀形核和非均匀形核两种机制。均匀形核临界晶核半径 r_c 和临界形核功 ΔG_c 为：

$$r_c=\frac{2\sigma T_m}{L_m}\frac{1}{\Delta T} \tag{6-2}$$

$$\Delta G_c=\frac{16\pi\sigma^3 T_m}{3L_m^2}\frac{1}{\Delta T^2} \tag{6-3}$$

式中　σ——金属的比表面能；

T_m——金属的熔点；

L_m——熔化潜热。

非均匀形核时临界晶核所需原子数比均匀形核时达到同样的临界形核半径所需原子数少，非均匀形核时临界形核功 ΔG_c^* 与均匀形核临界形核功 ΔG_c 存在式（6-4）的关系：

$$\Delta G_c^* = \Delta G_c\left(\frac{2 - 3\cos\theta + \cos^3\theta}{4}\right) \tag{6-4}$$

式中，θ 为非均匀形核时临界晶核与形核衬底的接触角。一般情况下，$0 < \theta < \pi$，$\left(\frac{2 - 3\cos\theta + \cos^3\theta}{4}\right)$恒小于 1，因此 $\Delta G_c^* < \Delta G_c$。

在熔池中存在两种现存在的固相界面：一种是高熔点或杂质的悬浮点或晶粒残核；另一种是熔池边界被加热到半熔化状态的基体晶粒或相界表面。它们为非均匀形核提供了有利位置。熔池中的晶核形成后，液相中的金属原子就向晶核表面堆积，晶核长大，并不断向熔池中延伸。但是，各晶粒长大的趋势各不相同，它取决于晶粒的优先生长方向和熔池散热方向之间的关系。在熔池的动态凝固中，熔池主要靠已结晶的晶粒固体散热。垂直与熔池边界方向上的温度梯度最大，散热最快，有利于晶粒生长。

根据金属结晶理论，结晶后单位体积中的晶粒粒子数 Z 取决于形核率 I 和晶粒生长速度 R，其关系式为：

$$Z = k\left(\frac{I}{R}\right)^{\frac{3}{4}} \tag{6-5}$$

式中　k——晶粒的形状因子。

一般情况下，结晶时熔体中的形核率 I 和晶粒生长速度 R 随过冷度 ΔT 的增加而相应增大，但形核率 I 增长倾向更为强烈。因此，过冷度 ΔT 增加一般导致单位体积内晶粒数 Z 增多，即得到更细小的组织。

熔池结晶形态主要取决于三个因素：液相金属成分、结晶参数和熔池的几何特征（形状和尺寸）。在金属凝固过程中，结晶前沿液相成分和结晶参数 G_L/R 控制着结晶形态。平界面失稳的条件是：

$$\frac{G_L}{R} < \frac{m_L c_0(k-1)}{D_L k} \tag{6-6}$$

式中　m_L——固液界面前沿液相线斜率；

c_0——熔体初始浓度；

D_L——有效平衡分配系数；

k——溶质原子液相扩散系数。

式（6-6）为产生成分过冷的判据。一旦产生了成分过冷，平整固液界面即失去稳定性，界面上的微小凸起就可以顺利地向界面前沿液体中生长，就相当于在负温度梯度下生长一样，使得界面成为胞状或树枝状。当成分过冷度较小时，容易生成胞状晶；当成分过冷度较大时，容易生成树枝晶。

在等离子束表面冶金过程中，虽然熔池中合金熔体强烈过热，但熔池内的温度梯度很高（高达 $10^4 \sim 10^6$K/cm），熔池冷却速度极快（ $>10^{4-6}$ K/s），仅需 $10^{-3} \sim 10^{-2}$s 就可以将界面处熔体冷至液相面温度之下，使其 S/L 界面前沿的局部熔体实际上处于过冷状态。因此，在结晶过程中产生成分过冷。过冷度的产生，使得平界面失稳。在熔池底部和中部，过冷度较小，G_L/R 较大，熔体凝固为胞状晶或胞枝状晶；熔池中上部和顶部，溶质富集，过冷度大，G_L/R 较小，熔体凝固为等轴状晶。图 6-5 为表面冶金涂层的组织形貌。由图可以看出，等离子束表面冶金涂层的显微组织大致可以分为以下几个不同区域：平面状细晶区，胞晶、柱状晶区和等轴晶区。

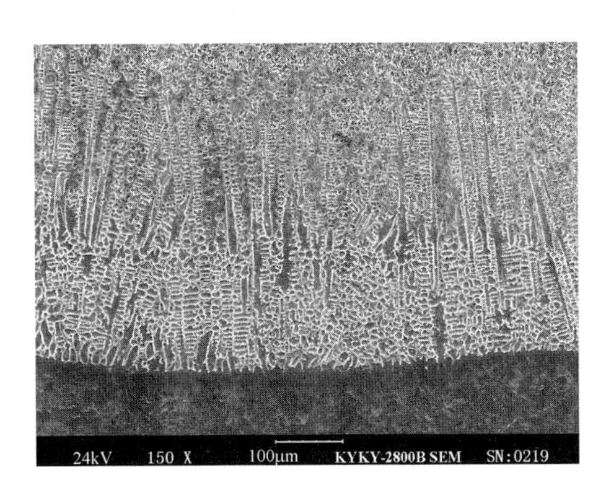

图 6-5 FeCrCNiBSi 涂层的组织形貌

经等离子束扫描后，铁基粉末材料和基体材料表面薄区熔化即形成熔池，当等离子束离开后，由于基体材料的激冷作用，热量通过基体的热传导作用散失，熔池底部与基体交界处的薄层区迅速形核结晶。在该区域中，温度梯度很大，冷却速度极快，并且可以依靠基体材料发生非均匀形核，因此形核率非常大。另外，前面研究表明，在熔池底部，$\theta=90°$，因而界面凝固速度 v_c 最小，而随着距离熔池底部的增加，θ 角逐渐减小，因而 v_c 逐渐增大，到熔池表面时，v_c 达到最大值。而熔池中的温度梯度则恰好相反。根据前面数值模拟，熔池底部是其温度梯度最高的部位，随着距离熔池底部的增加，温度梯度逐渐减小。因此，在熔池底部，由于温度梯度很高，而凝固速度很低（几乎为零），温度梯度对于凝固界面的稳定化作用超过了凝固速度的不稳定化作用，凝固界面能够保持稳定的平界面生长，形成低速平界面生长带，而且晶粒没有充分的时间和空间长大，所以形成致密细晶薄层。分析表明：细晶区薄层的形成是大冷速和非均匀形核综合作用的结果，也就是金相组织中观察到的平面状细晶区。

由金属凝固理论可知，金属晶体的结晶形态与结晶过程中固－液界面前沿熔体成分过冷有关。但成分过冷的概念是在定向凝固过程中液体中只有扩散而无对流或搅拌的条件下提出的。由于在等离子束表面冶金熔池中存在强烈的对流运动，成分过冷理论不能直接用于分析其凝固过程。为此，文献［2］提出了“熔体凝固边界层”的概念。在等离子束表面冶金过程中，虽然熔池中存在强烈的对流运动，但在固－液界面前沿存在一薄层区，该薄层区内的液体不参与熔池的对流运动，而相对于固－液界面静止。该薄层区即为“熔体凝固边界层”。其依据是液态金属的黏度随温度的降低而增大。金属凝固过程中，固—液界面具有液相线的温度，其前沿熔体温度十分接近液相线温度。因此，凝固界面前沿的熔体的黏度很大。这些熔体的流动需要较大的剪切力，同时固－液界面前沿的熔体与已凝固的固相间具有较大的吸附力，这就是“熔体凝固边界层”存在的原因。在等离子束表面冶金过程中，随着固－液界面的推移，“熔体凝固边界层”也向前推移，并且在稳定凝固状态下其推移速度等于着固－液界面推移速度。

有了“熔体凝固边界层”的概念，就可以应用传统的成分过冷现象来解释等离子束表面冶金涂层结晶过程及组织特征。图 6-6 给出了产生成分过冷的示意图。随着晶粒生长，固液界面的推移，同时“熔体凝固边界层”也向前推移。成分过冷产生，根据成分过冷理论，固溶体合金的结晶形态主要取决于合金中溶质的浓度、结晶速度（或晶粒长大速度）和液相中温度梯度的综合作用。随结晶过程向表面冶金涂层内部推进，固/液界面前沿温度梯度减小、冷速降低，且随着凝固速率 R 的增大，G/R 值的逐渐减小，其晶体生长方向受传热条件的控制明显，从而结晶为逆热流传导方向生长的发达枝状晶，主干方向平行排列，向同一方向生长，排列规则，结晶为胞晶或柱状晶，因此，最终在涂层中下部形成向上生长的胞晶或柱状晶，如图 6-7(a) 所示。

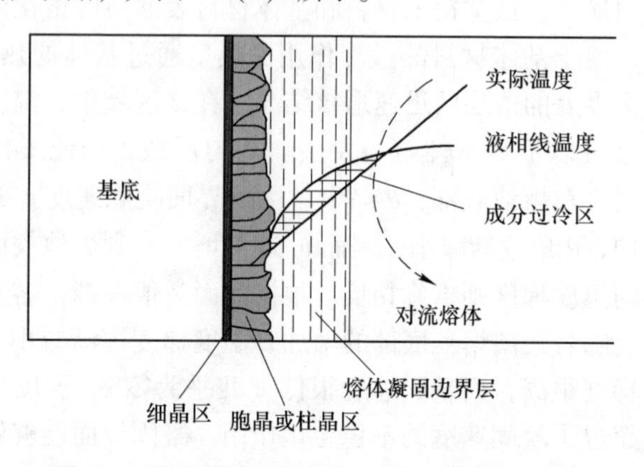

图 6-6　熔池凝固过程中产生成分过冷的示意图

在熔池快速非平衡凝固过程中，随着固－液界面和“熔体凝固边界层”的向上推移及熔池中下部胞晶和柱晶的形核长大，熔体整体温度降低，并且剩余熔体的温度梯度较小，固液界面前沿溶质富集，使得成分过冷度增大，快速地进行非均匀形核。同时，在熔池中存在两种现存在的固相界面：一种是高熔点或杂质的悬浮点或晶粒残核；另一种是熔池边界被加热到半熔化状态的基体晶粒或相界表面，它们为非均匀形核提供了有利位置。所有这些因素均造成熔池中上部熔体形核率大，而且有足够的时间和空间长大，因此，最终凝固为细小的等轴晶，如图 6-7(b) 所示。

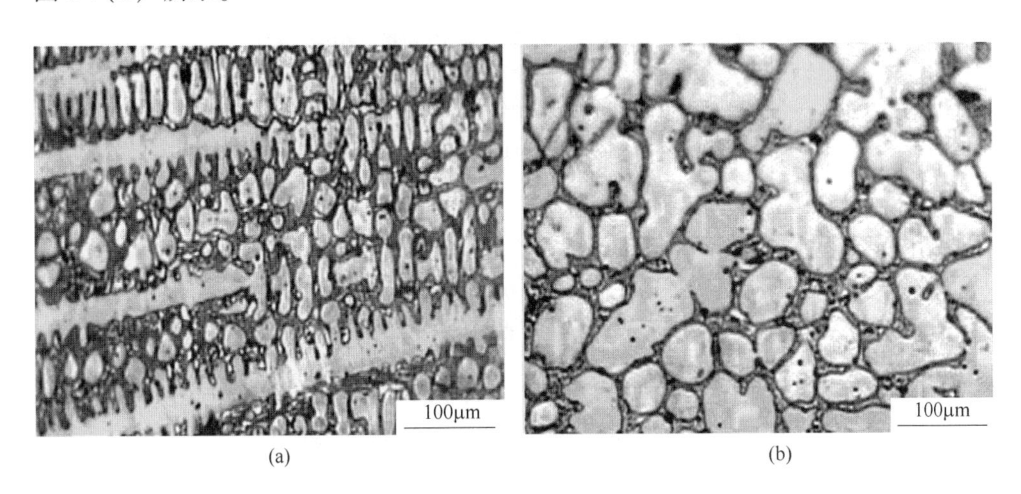

图 6-7 表面冶金涂层金相组织
（a）胞晶和柱状晶组织；（b）等轴晶组织

6.3 FeCrCNiBSi 等离子束表面冶金涂层组织特征

6.3.1 FeCrCNiBSi 表面冶金涂层形貌

等离子束表面冶金涂层的质量主要是指其宏观质量和微观质量，相应的评价指标主要包括涂层的表面形貌（连续性及均匀性）、几何尺寸（涂层的宽度、高度及基材的熔化深度）及内部缺陷（气孔和裂纹）、粉末有效利用率等。其微观质量包括显微组织结构、界面的精细结构和结合方式等。图 6-8 是等离子束表面冶金试样的形貌，由图可见，在优化后的工艺参数下制备的涂层表面比较光滑、平整，表面宏观质量较好，单道涂层宽度为 10mm 左右、厚度为 3mm 左右。

对图 6-9 所示的 FeCrCNiBSi 表面冶金涂层横截面方向沿不同深度各区域进行能谱分析，结果见表 6-1。成分分析表明，从表面冶金涂层的表面到与基材结合面附近，各合金元素的平均百分含量比较接近，显示了表面冶金涂层整体的成分均匀性，未发现合金元素的宏观偏析。

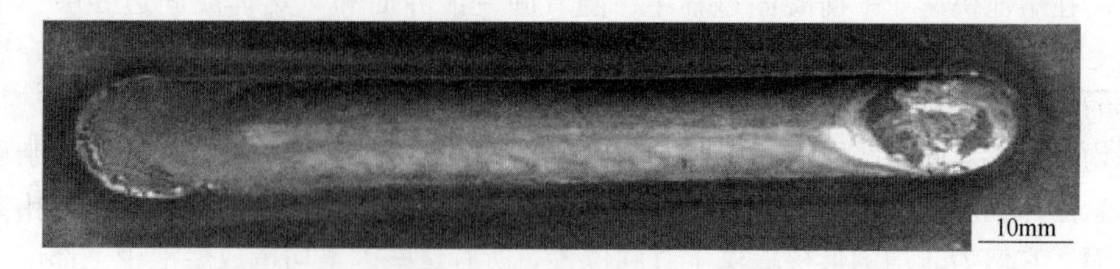

图 6-8 FeCrCNiBSi 等离子束表面冶金试样宏观形貌

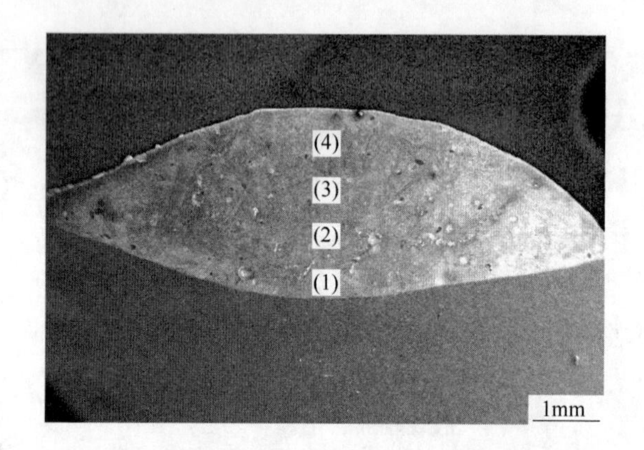

图 6-9 FeCrCNiBSi 等离子束表面冶金试样横截面形貌

表 6-1 FeCrCNiBSi 涂层各区域的 EDS 分析结果 （质量分数，%）

取样位置	Fe	Cr	Ni	Si
(1)	63.33	28.40	4.22	4.05
(2)	61.48	29.48	4.51	4.53
(3)	61.58	29.36	4.68	4.38
(4)	61.66	29.27	4.45	4.62

6.3.2 FeCrCNiBSi 表面冶金涂层界面组织特征

在等离子束表面冶金技术中，界面是其中极其重要的组成部分。首先是铁基合金粉末的快速熔化，与基体金属之间产生一个液－固界面，紧接着表面冶金涂层冷却凝固，原来的液固界面转化为固－固界面。在该技术中，两种界面的结构、行为特征对最终形成的涂层质量产生很大影响。对于表面冶金涂层而言，涂层与基体之间结合状况对保证涂层的使用性能起决定性作用。图 6-10 给出了 FeCrCNiBSi 表面冶金涂层结合界面处照片。图 6-10(a) 为低倍时的整体组织形貌，图 6-10(b) 为高倍下界面结合的组织特征。可以将形成的表面冶金涂层大致分为几个不同的组织区域。

(1) 基体区。这个区域在等离子束扫描处理过程中，只起传导热量的作用。它与等离子束扫描表面距离较远，而基体材料的体积较大，热量传到此处其能量密度较小，不足以引起基体组织的变化，经表面冶金处理后，仍然保持原有的特性。

(2) 热影响区。这个区域紧靠表面冶金涂层，它受到的等离子束扫描能量极大。在快速加热和快速冷却过程中，它的硬度和性能与基体相比有了较大的提高。

(3) 熔合区。在合金涂层和基材之间存在的明显白亮带，称为熔合区。

(4) 熔化冶金区。这个区域是等离子束直接扫描的区域。能量直接输入到该区域，将金属粉末和薄层基体熔化。

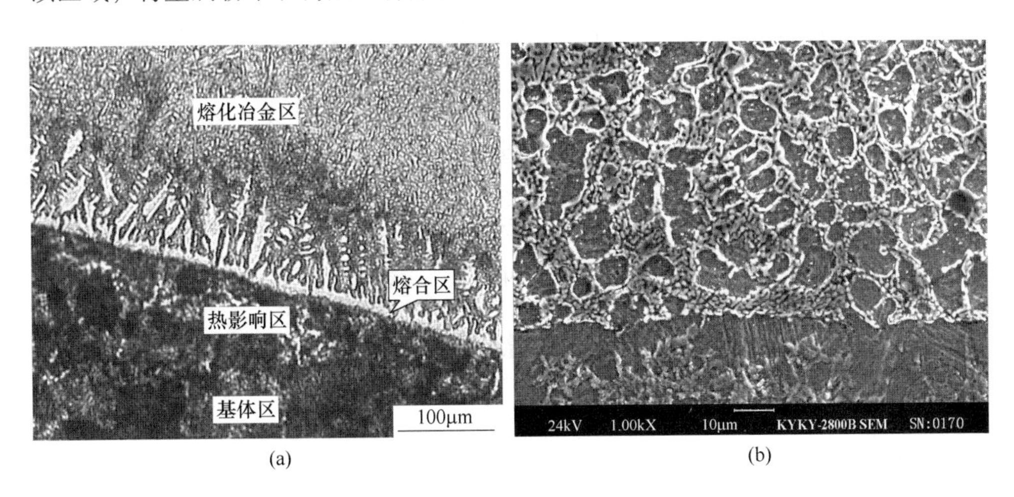

(a) (b)

图 6-10 FeCrCNiBSi 表面冶金涂层结合界面处照片

(a) 低倍整体组织形貌；(b) 高倍界面结合的组织特征

在合金涂层和基材之间存在的明显白亮带就是熔合区，白亮带的厚度为 1 ~ 2μm。白亮带一般呈锯齿状或波纹状，这种锯齿状或波纹状过渡层组织就像楔子一样钉入基体中，有利于提高表面冶金涂层与基材之间的界面结合强度。说明在等离子束高能热源作用下，合金涂层中的元素和基材之间的元素浓度梯度大，扩散作用强，在形成熔池的过程中，元素互相强烈扩散，在凝固后形成了良好的冶金结合。由于熔合区是等离子束熔化时的液 - 固界面，再加上基体温度低，液 - 固界面温度梯度很大，成分过冷最小，因此凝固时液 - 固界面推进的速度较慢，呈平面晶的方式凝固。在熔池凝固的最初阶段，由于熔池底部与基体存在很大的温度梯度，而凝固速率 R 趋于零，所以 G/R 值趋于无穷大，结晶体从基体以平面状方式外延生长，形成平面晶；随着凝固速率的升高，G/R 值降低，结晶从平面生长过渡到胞状生长，所以形成的平面状结晶是很薄的一层，在图 6-10 中表现为一条白亮带，形成锯齿状或波纹状的原因有以下几种：（1）等离子束流能量分布的不均匀；（2）基体材料成分的微区不均匀；（3）熔池中高温熔体在对流运动过程中存在温度起伏。

6.3.3　FeCrCNiBSi 表面冶金涂层稀释率

在等离子束表面冶金中，表面冶金涂层的稀释率主要取决于粉末材料和基体材料的物理特性（熔融合金的润湿性、自熔性、颗粒的几何形状和大小等）及它们之间的化学匹配特性，还有等离子束输出功率、光斑形状和尺寸、送粉速率和扫描速度等。试验研究表明，稀释率随着等离子束功率 P 的提高而增大，随着等离子束扫描速度 v 的增加而减小。

等离子束表面冶金涂层的稀释率可用涂层的合金成分由于熔化的基体材料的混入所引起的成分变化来定义，也可用整个涂层中所含基体金属的百分率来表示，并可以通过测量涂层面积大小来进行实际计算。图 6-11 所示为面积法计算涂层稀释率示意图。稀释率 ε 定义为[3,4]：

$$\varepsilon = \frac{A_2}{A_1 + A_2} \tag{6-7}$$

式中　A_1——基体水平面以上表面冶金涂层横截面面积；

　　　A_2——基体水平面以下表面冶金涂层横截面面积。

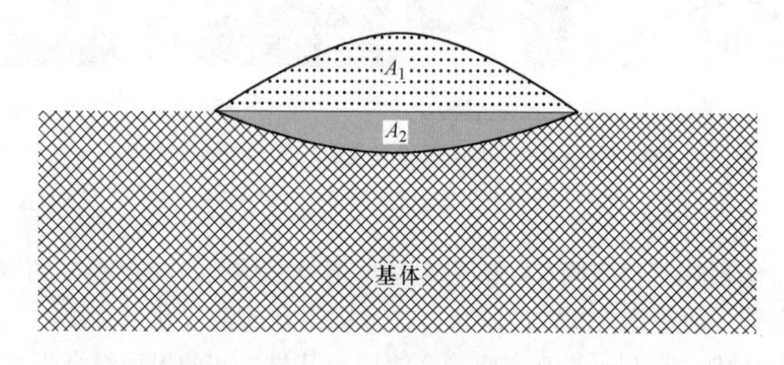

图 6-11　面积法计算涂层稀释率示意图

图 6-12 所示为等离子束表面冶金 FeCrCNiBSi 涂层横截面组织形貌。由网格法测出的 A_1、A_2 的面积，按式（6-7）可以计算一般等离子束表面冶金涂层的稀释率为 30%。此稀释率比激光熔覆涂层稀释率大很多。这是由于等离子束表面冶金中等离子束输入的单位能量比激光束输入的单位能量高，导致基体材料熔化多的缘故。

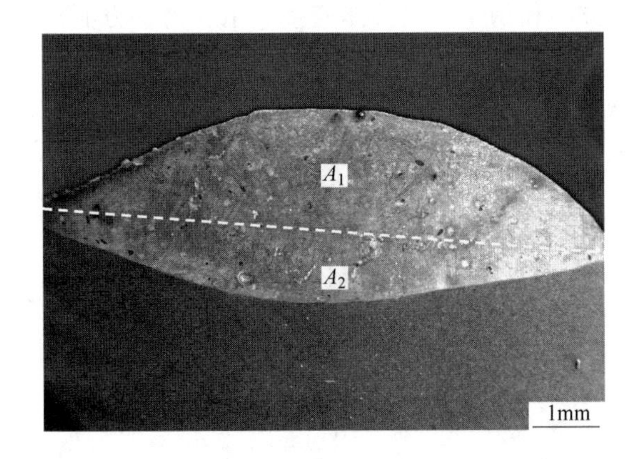

图 6-12 等离子束表面冶金 FeCrCNiBSi 涂层横截面形貌

研究表明，在铁基等离子束表面冶金生产中，稀释率过大，则导致得到的表面冶金涂层成分与设计的合金粉末成分相差太大，达不到预定的性能。但是过度追求低稀释率也没有必要，因为为了获得零稀释率则对工艺要求苛刻，降低了生产效率，增加了生产成本。而且，热影响区的互熔量是决定涂层合金与基体金属结合强度的一个重要参数，互熔量太低会使结合强度降低，而稀释率越大，互熔量越高，表面冶金涂层与基体结合越好。另外，对于铁基等离子束表面冶金涂层而言，目前大量需要进行处理或修复的工件也主要是铁基材料，采用铁基冶金材料，涂层与基体具有良好的浸润性，同时也降低了对稀释率的严格要求，减小了稀释率对表面冶金涂层力学性能的影响。因此，在等离子束表面冶金生产中，稀释率在 30% 左右都是可以接受的。

6.3.4 FeCrCNiBSi 表面冶金涂层微观组织

前面的凝固过程的研究表明，等离子束表面冶金涂层具有快速凝固时共晶的枝晶生长特征，表面冶金涂层在冷却过程中先析出 γ 枝状晶，在继续冷却过程中，由于已形成的枝晶主干之间存在温度梯度和浓度起伏，又沿枝晶主干生成二次晶。由于近熔合区温度梯度较大，因此形成的一次晶主干很短，表现出等轴状枝晶特征。近熔合区前方的粗枝晶亚层的组织温度梯度小于近熔合区，一次晶主干较发达，表现出较粗的枝晶生长特征。另一方面，当合金层继续冷却到共晶转变温度时，在枝晶之间开始生成共晶组织。金相组织为奥氏体和共晶碳化物组成的组织，碳化物起到抗磨骨架的作用，基体对碳化物起着支撑与保护的作用[5]。图 6-13 为 FeCrCNiBSi 垂直于等离子束扫描方向合金涂层组织形貌。初生奥氏体以树枝状生长，共晶体在奥氏体枝晶间凝固而成为网状分布。从图 6-13 中可以看出，共晶体是由共晶奥氏体及其转变产物和共晶碳化物组成的，由于先凝固的是共晶奥氏体，一方面和初生的奥氏体连接起来，另一方面把后凝固的共晶碳化物分隔开来。共晶碳化物以断续网状分布，以半孤立质点形态分布在金属基体之间[6]。所以根据铁基合金凝固机制，可以判定：①区为难以腐蚀的共晶碳化物骨架，存在于 γ 枝状晶间隙间；②区为铁基枝晶晶区。

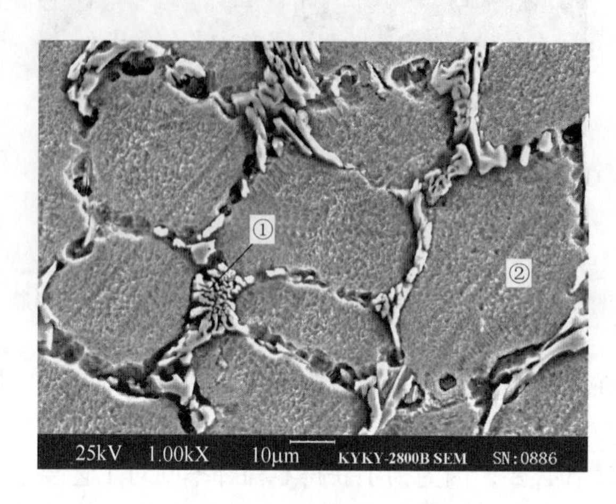

图 6-13　FeCrCNiBSi 表面冶金涂层组织形貌

涂层内各析出相的 EDS 测试结果见表 6-2。由表可以看出，枝晶相以 Fe 元素为主，固溶了大量的 Cr 及少量的 Ni、Si 元素。而共晶组织中含有大量的 Cr、C 元素，较多的 Fe 和少量的 Ni、Si 元素，且 Cr 元素的含量明显高于基体相和原始粉末。因为熔体的过冷度非常大，凝固界面远远偏离平衡状态，溶质元素的截留不断发生，故可导致熔合区的固溶扩展，析出小偏析的细晶组织及亚稳相。而且由于等离子快速加热时熔池体积较小，底部边界效应导致对流换质不充分，平面晶较树枝晶含有更多基材的成分。应当说明的是，在 EDS 测量过程中考虑到轻元素 C、B 的原子序数较低，测量结果准确性较低，而且考虑到 C、B 的存在将会给其他元素的测量结果带来较大误差，因此表 6-2 中的结果忽略了 C、B。

表 6-2　涂层不同区域的 EDS 测试结果　（质量分数,%）

析出物相	Si	Cr	Ni	Fe
平面晶	1.2	15.2	0.5	83.1
枝晶相	4.5	16.3	3.5	74.7
共晶组织	2.0	53.9	2.8	43.8

图 6-14 为 FeCrCNiBSi 表面冶金涂层的 X 射线衍射图谱。对衍射峰标定表明，涂层由 γ-(Fe, Ni) 和 $(Cr, Fe)_7(C, B)_3$ 相组成。

表面冶金涂层的微观组织由奥氏体枝晶及枝晶间 M_7C_3 等的复杂金属间化合

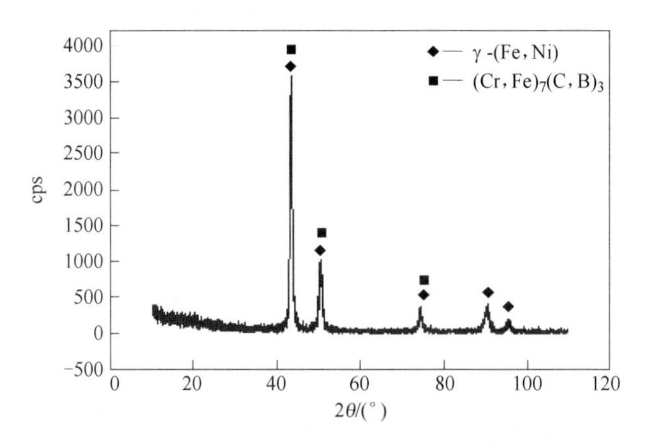

图 6-14 FeCrCNiBSi 表面冶金涂层 X 射线衍射图谱

物与奥氏体的共晶组织构成。共晶组织在枝晶间互相连接，构成条束状的断续网格。涂层的特点是以树枝晶为韧带，以枝晶间的混合共晶体为“骨架”组成的有机整体。表面冶金涂层中部分 Cr 元素与奥氏体形成过饱和固溶体，其余部分形成以 Cr 为主的合金碳化物。另外 γ 相枝晶间析出的作为骨架的高硬度、细小的析出相 M_7C_3 的弥散强化作用将在很大程度上决定 Fe-Cr-C 系表面冶金涂层强韧性的提高。

共晶组织中的共晶化合物具有不同的形态，主要有平行短棒状及球状或花瓣状，它们各自联合成网状分布。图 6-15 为这几种组织的 SEM 图。呈白色平行短棒状、球状或花瓣状的组织为共晶碳化物相 $(Ce, Fe)_7C_3$，黑色的为基体相 γ-Fe。相应的 EDS 分析结果见表 6-3。由表 6-3 可知，共晶碳化物的形态不同，其元素含量也不相同。

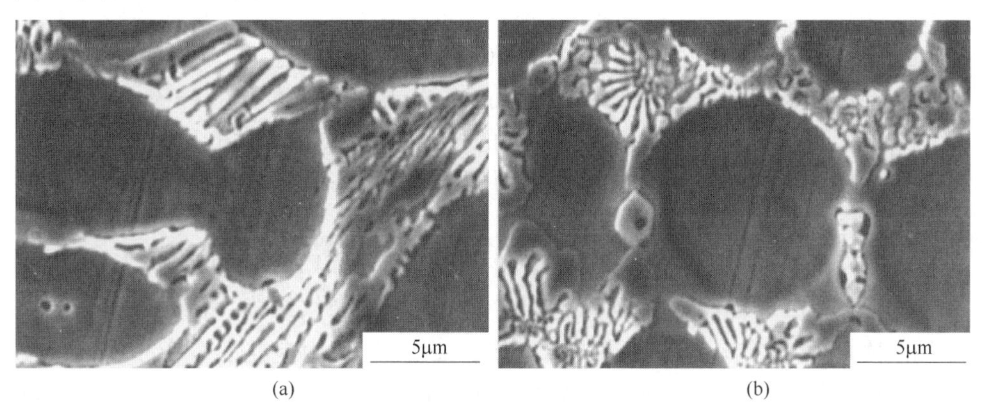

图 6-15 不同形状共晶碳化物 SEM 图

(a) 平行短棒状；(b) 花瓣状

表 6-3　共晶碳化物 EDS 分析结果　　（质量分数,%）

析出物相	Si	Cr	Ni	Fe
平行短棒状	0.412	58.6	0.088	40.9
花瓣状	0.47	68.8	0.13	30.6

6.3.5　FeCrCNiBSi 表面冶金涂层 TEM 研究

图 6-16 铁基固溶体 SAED 花样及其标定，证实铁基合金涂层为 fcc 结构。

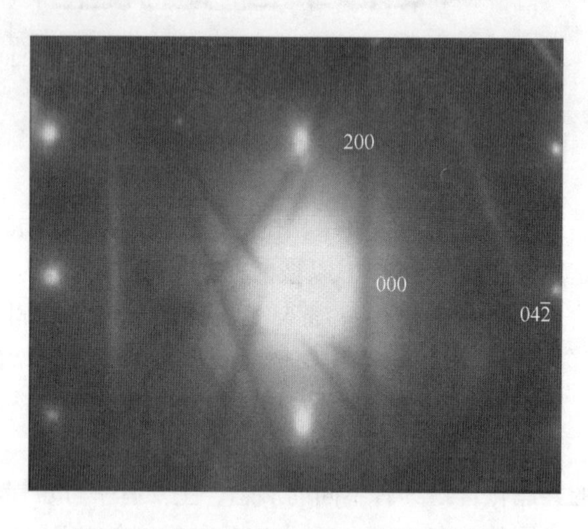

图 6-16　铁基固溶体 SAED 花样及其标定

研究表明，决定表面冶金涂层宏观硬度的基本因素是其中原位生成的合金碳化物的硬度、体积分数以及基体组织的类型。前一个因素与铬含量及铬、碳含量比值密切相关，后一个因素则与奥氏体转变过程有关。影响试样奥氏体转变的最主要因素是基体的碳浓度。碳浓度提高（铬、碳含量比减小），M_s 温度下降，基体中残留奥氏体量增大，是导致宏观硬度下降的一个因素。在 Fe-Cr-C 系合金中，由于铬含量、碳含量较高且有较大的 Cr/C 比，又在很大的过冷度条件下，结晶过程中易形成碳化物，这些碳化物主要以 M_7C_3 形式出现，使得表面冶金层的宏观硬度较高。

图 6-17 所示为棒状碳化物 M_7C_3 的 TEM 图和 SAED 花样标定。从图 6-17（a）中可以看出，M_7C_3 的特征为骨架状平行排列的条纹结构。合金钢及高温合金中的 M_7C_3 常含有孪晶，高分辨率点阵更证实 M_7C_3 中存在许多孪晶畴[7]，故可认为图 6-17(a) 中的细条纹即为薄片状孪晶的像。图 6-17(b) 为图 6-16(a) 中呈长条状碳化物的选区电子衍射花样（SAED）。M_7C_3 中孪晶的薄片形状其效应导致了 SAED 斑点的星芒。同时在 TEM 下还发现了呈球状和花瓣状分布的共

晶化合物，经标定可知，这两种形态的共晶化合物属于同一种类型，与前述的棒状共晶化合物一样，均是具有六方结构的 M_7C_3。

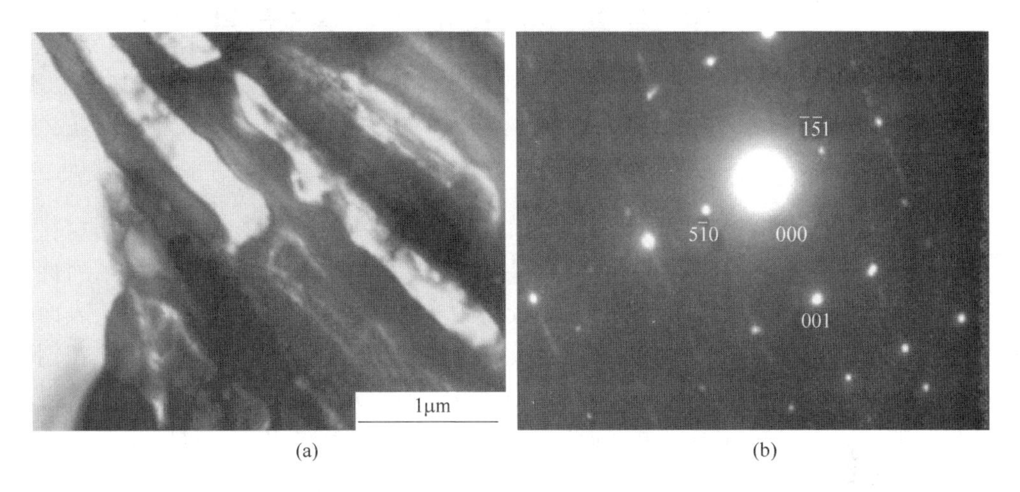

图 6-17　棒状 M_7C_3 的 TEM 图（a）及 SAED 花样标定（b）

参 考 文 献

［1］董世运．铝合金表面激光熔覆铜基自生复合材料层的研究［D］．哈尔滨：哈尔滨工业大学，2000，70～79.

［2］Kim J D, Peng Y. Melt pool shape and dilution of laser cladding with wire feeding［J］. Journal of Materials Processing Technology, 2000, 104（3）：284～293.

［3］Sorin I, Pierre S, Alexandru N, et al. $MoSi_2$ laser cladding a new experimental procedure: double-sided injection of $MoSi_2$ and ZrO_2［J］. Surface and Coatings Technology, 2003, 172（2）：233～241.

［4］郝石坚．高铬耐磨铸铁［M］．北京：煤炭工业出版社，1993．25～36.

［5］陈璟琚．合金高铬铸铁及其应用［M］．北京：冶金工业出版社，1999：30～40.

［6］吴义贵，李炎，陈全德，等．利用 HREM 对 M_7C_3 缺陷的观察研究［J］．电子显微学报，1990，9（3）：176～179.

［7］李文超．冶金与材料物理化学［M］．北京：冶金工业出版社，2001：145～155.

7 等离子束表面冶金铁基稀土涂层组织特征

稀土元素在金属材料中的研究和应用已有80多年的历史，稀土在金属材料中具有净化、变质和合金化的作用，可以不同程度地改善金属材料的一系列性能，如冶金性能、铸造性能、热加工性能、力学性能（韧性、低温脆性）、表面性能、耐磨性能、耐蚀性能、抗氧化性能、焊接和高温性能等。目前，稀土在钢中和化学热处理、火焰喷涂、扩散热处理、电镀、激光表面改性技术等领域获得了广泛的应用，但在等离子束表面冶金技术领域还未有过报道。对同步送粉工艺，粉末材料在运动中被加热到很高的温度，稀土元素容易直接与等离子束作用，烧损的可能性极大。因此，稀土元素能否在同步送粉等离子束表面冶金涂层中得到应用是我们研究和关注的问题，利用稀土元素的净化、细化和强化作用，期望通过加入稀土元素来减小涂层的开裂倾向、提高涂层的强韧性和抗腐蚀性能。

7.1 稀土在等离子束表面冶金中热力学研究

根据合金的成分及实验条件，预测合金系一系列物理和化学变化是否可以发生，是合金热力学研究的一个方向。本节对稀土在等离子束表面冶金中的作用进行实验研究，利用热力学方法对其进行物理化学计算分析。运用无机热化学解决工业领域中的问题，常遇到的主要障碍是难以找到针对不同体系的各种各样的热化学数据。

7.1.1 稀土氧化物被［Si］、［C］还原的可能性验证

在等离子束表面冶金熔池中，稀土氧化物（根据现有可查得的热力学数据，以 Ce_2O_3 为例）和硅、碳之间可以有以下的反应：

$$2/3Ce_2O_3 + [Si] = 4/3[Ce] + SiO_2 \quad \Delta G_1^{\ominus} = 289320 - 20.8T(\text{J/mol}) \tag{7-1}$$

$$Ce_2O_3 + 3[C] = 2[Ce] + 3CO \quad \Delta G_2^{\ominus} = 342410 - 144.1T(\text{J/mol}) \tag{7-2}$$

式中，$\Delta G^{\ominus}$ 为［Ce］被还原的标准自由能。在1873K（1600℃）温度下，$\Delta G_1^{\ominus}$ = 250361.6J/mol > 0，$\Delta G_2^{\ominus}$ = 72510.7J/mol > 0。说明标准状态下［Si］、［C］不能将铈从稀土氧化物中还原出来。由热力学计算可知，在标准状态下，当 $T >$ 13909 K 时，$\Delta G_1^{\ominus} < 0$，硅才能将铈从稀土氧化物中还原出来；当 $T >$ 2736K 时，

$\Delta G_2^\Theta < 0$，碳才能将铈从稀土氧化物中还原出来。

在实际条件下，[Ce] 被硅和碳所还原的自由能表达式为：

$$\Delta G_1 = \Delta G_1^\Theta + RT\ln(a_{Ce}^{4/3} a_{SiO_2})/(a_{Ce_2O_3}^{2/3} a_{Si}) \tag{7-3}$$

$$\Delta G_2 = \Delta G_2^\Theta + RT\ln(a_{Ce}^{2} P_{CO_2}^{3})/(a_{Ce_2O_3} a_{C}^{3}) \tag{7-4}$$

活度 a_i 和活度系数 f_i 的计算式为：

$$a_i = f_i[\% i] \quad \lg f_i = \sum_{j=1}^{n} e_i^j[\% j] \tag{7-5}$$

式中，e 为熔池中 j 元素对 i 元素的相互作用系数。因为在多元系中，组元的活度系数除与自身的浓度的影响 f_i^i 有关外，还与溶液中其他组元浓度变化对 f_i 的影响 f_i^j 等有关。通常活度相互作用系数反映组元 j 与 i 之间的作用力性质。各种元素之间的相互作用系数见表 7-1[1~4]，熔池中各元素的化学成分为：C 3.5%，Cr 25%，Ni 4%，B 4%，Si 4%，RE 0.1%，S 0.3%，O 0.001%。

表 7-1 熔池中各元素的活度相互作用系数（1873K）

元素	O	C	Si	S	Ce	Cr	B
C	-0.34	0.22	0.088	0.086	-0.0067	—	—
Ce	-5.03	-0.77	0.13	-3.94	0.0032	—	—
Si	-0.23	0.18	0.11	0.056	—	-0.003	0.2
O	-0.20	-0.45	-0.131	-0.133	-0.57	-0.04	—
S	-0.27	0.11	0.063	-0.28	-1.91	-0.011	—

f_{Ce}的计算如下：

$$\lg f_{Ce} = c_{Ce}^{Ce}[\% Ce] + c_{Ce}^{C}[\% C] + c_{Ce}^{Si}[\% Si] + c_{Ce}^{S}[\% S]$$
$$= 0.0032 \times 0.1\% - 0.077 \times 3.5\% + 0.013 \times 4.5\% - 3.94 \times 0.3\%$$
$$= -0.139 \tag{7-6}$$

即 $f_{Ce} = 0.726$，则 $a_{ce} = f_{Ce}[\% Ce] = 0.726 \times 10^{-3}$。

按上述方法，求出其他元素的活度系数及活度，见表 7-2。

表 7-2 溶解于熔池中各元素的活度系数和活度（1873K）

参数	f_C	f_{Si}	f_{Ce}	a_C	a_{Si}	a_{Ce}
数值	1.028	1.025	0.726	0.036	0.046	0.726×10^{-3}

由于稀土氧化物以 Ce_2O_3 为主，若视为纯 Ce_2O_3，则 $a_{Ce_2O_3} = 1$，$p_{CO_2} = 1.013Pa$，SiO_2 在此温度下为固体，所以 $a_{SiO_2} = 1$。将相应数据代入式（7-3）和式（7-4）中，计算整理可得：

$$\Delta G_1 = 289320 - 73.34T(J/mol) \tag{7-7}$$

$$\Delta G_2 = 342410 - 274.9T(J/mol) \tag{7-8}$$

在 1873K 时，$\Delta G_1 = 151954 \mathrm{J/mol} > 0$，而 $\Delta G_2 = -172477.7 \mathrm{J/mol} < 0$。由热力学计算可得，虽然熔池之中含有大量的硅，但硅并不能将铈从稀土氧化物中还原出来；碳能将铈从稀土氧化物中还原出来，从而保证稀土氧化物在等离子束表面冶金熔池中脱硫反应的进行。由前面第 5 章分析可知，在等离子束表面冶金过程中，由于等离子束的高能量输入，导致冶金熔池中温度分布不均匀，熔池中心的实际温度高于钢液的温度（1873K），温度越高，反应的驱动力也越大，因此其他的稀土氧化物在熔池中也能被还原。

7.1.2　稀土氧化物脱氧、脱硫行为的热力学分析

文献 [2] 和 [3] 表明，稀土元素不仅可以通过生成稀土硫氧化物来脱硫，而且还可以直接与硫作用生成硫化物来达到脱硫的目的。根据各种稀土硫化物的生成自由能和表面冶金涂层金属的化学成分，可以计算出 1873K 时稀土硫化物、硫氧化物的生成自由能 ΔG，见表 7-3。由计算结果可知：在此温度下，Ce_2O_2S 可以生成。由第 4 章分析可知，等离子束表面冶金熔池中存在着三种不同的力的作用，即表面张力梯度引起的强制对流机制、熔池水平温度差梯度决定的浮力引起的自然对流和等离子束冲击力产生的搅拌。对流及搅拌的存在使得稀土元素迅速均匀分布于熔池之中，与硫、氧等元素发生反应。

由热力学计算可知，在等离子束表面冶金中，由于稀土的脱氧、脱硫作用，使得熔池中的金属熔体得到了净化。

表 7-3　熔池中夹杂物生成的自由能（$T = 1873$K）　(J/mol)

反　应	$\Delta G^\ominus$	ΔG	ΔG
$[Ce]+2[O]=CeO_2(s)$	$-852700+249.96T$	$-852700+502.7T$	$+88.8\times10^3$
$[Ce]+2[O]+1/2[S]=1/2Ce_2O_2S(s)$	$-675700+165.5T$	$-675700+346.2T$	-27.3×10^3
$[Ce]+[S]=CeS(s)$	$-422100+120.38T$	$-422100+228.7T$	$+6.38\times10^3$
$[Ce]+3/2[S]=1/2Ce_2S_3(s)$	$-536420+163.86T$	$-536420+296.4T$	$+18.7\times10^3$
$[Ce]+4/3[S]=1/3Ce_3S_4(s)$	$-497670+146.3T$	$-497670+270.77T$	$+9.48\times10^3$

7.2　等离子束表面冶金铁基稀土涂层组织形貌

7.2.1　涂层宏观形貌

图 7-1 为粉末配方 F04、F05 制备的表面冶金涂层宏观形貌。由图 7-1 可以看出，在合金粉末中只添加 0.1% La_2O_3（粉末配方 F04）的表面冶金涂层和只添加 0.1% Ce_2O_3（粉末配方 F05）的表面冶金涂层宏观形貌良好，表面光滑、平整。稀土的加入提高了熔池中熔体的流动性，降低了熔体的表面张力，改善了涂层对基体表面的浸润能力，涂层与基体形成良好的冶金结合。

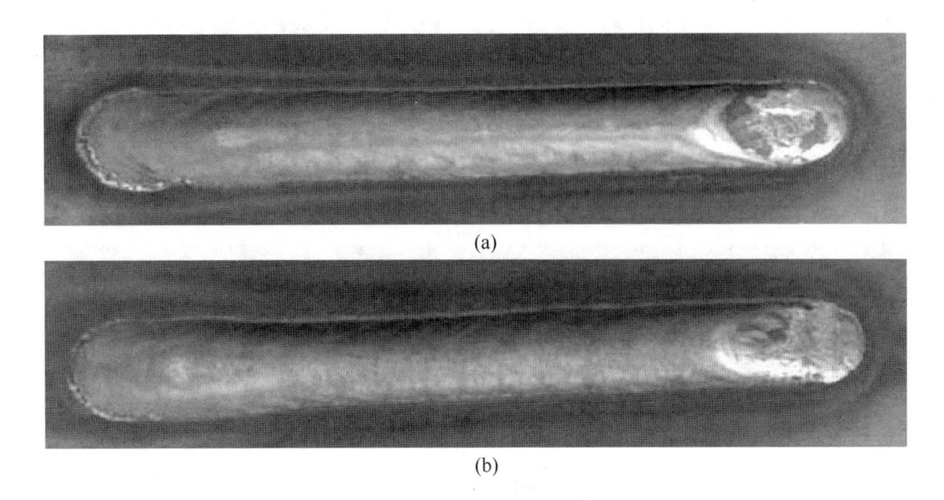

(a)

(b)

图 7-1 粉末配方 F04、F05 制备的表面冶金涂层宏观形貌
(a) F04; (b) F05

为发挥二者的协同效应，将 La_2O_3 和 Ce_2O_3 两种稀土氧化物混合进行复配，在 FeCrNiBSi 合金粉末中添加不同含量的 La_2O_3 和 Ce_2O_3 混合稀土氧化物。图 7-2 为粉末配方 F06、F07、F08 制备的表面冶金涂层宏观形貌。合金粉末中添加 0.1% La_2O_3 + 0.1% Ce_2O_3（粉末配方 F06）的表面冶金涂层宏观形貌良好，表面光滑、平整；而添加 0.2% La_2O_3 + 0.2% Ce_2O_3（粉末配方 F07）和 0.3% La_2O_3 + 0.3% Ce_2O_3（粉末配方 F08）的表面冶金涂层表面不是很光滑、平整。说明 La_2O_3 和 Ce_2O_3 两种稀土氧化物如果复配得当，则可能发挥很好的协同效应；如果复配不当，效果反而不好。

7.2.2 涂层显微组织

图 7-3 所示为在光学金相显微镜下观察到配方 F06 涂层与基体结合界面处的形貌。由图 7-3 可以看出，添加稀土后的表面冶金涂层的显微组织在中上部一般为细小的树枝晶，在靠近冶金结合带的地方常常出现胞状晶和柱状晶；在涂层与基体连接的地方，呈现出平面晶，这是由于基体元素的渗入，涂层材料和基体材料形成了一条牢固的熔化冶金结合层，在图中呈现为一条极薄的白亮带，与未添加稀土的表面冶金涂层的组织特征相类似。

图 7-4 所示为加入不同种类、含量稀土氧化物所得的表面冶金涂层的显微组织。由显微组织观察发，不加稀土时（图 7-4(a)），涂层主要由树枝晶和枝间共晶组织组成，等轴树枝晶比较粗大，二次枝晶间距较大，组织不是很均匀；而加入 La_2O_3 和 Ce_2O_3 后，细化了涂层的枝晶组织，减小了二次枝晶间距，组织变得更加均匀、致密（图 7-4(c)、(d)）；观察图 7-4(b) 与图 7-4(c) 还可以看出，

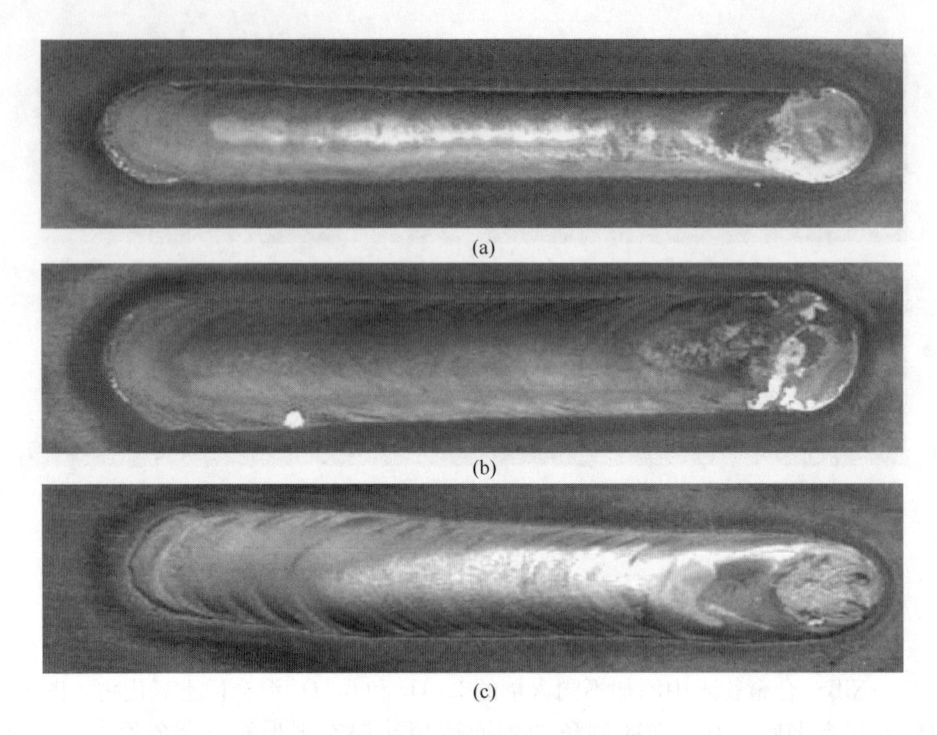

(a)

(b)

(c)

图 7-2　粉末配方 F06、F07、F08 制备的表面冶金涂层宏观形貌

（a）F06；（b）F07；（c）F08

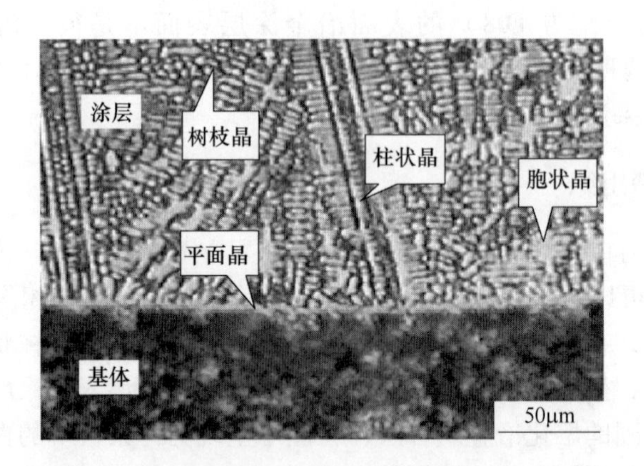

图 7-3　配方 F06 涂层与基体结合界面处的形貌

加入 Ce_2O_3 要比加入 La_2O_3 效果要好，两者相比较，加入 Ce_2O_3 的组织更为致密，其枝晶较细小，二次枝晶间距较小，除气、除渣作用更明显。这可能是由两种稀土化合物的作用机理不同引起的，对此机理有待进一步研究；将两种稀土氧化物复配使用后涂层组织也更加细小、均匀（图 7-4(d)）。

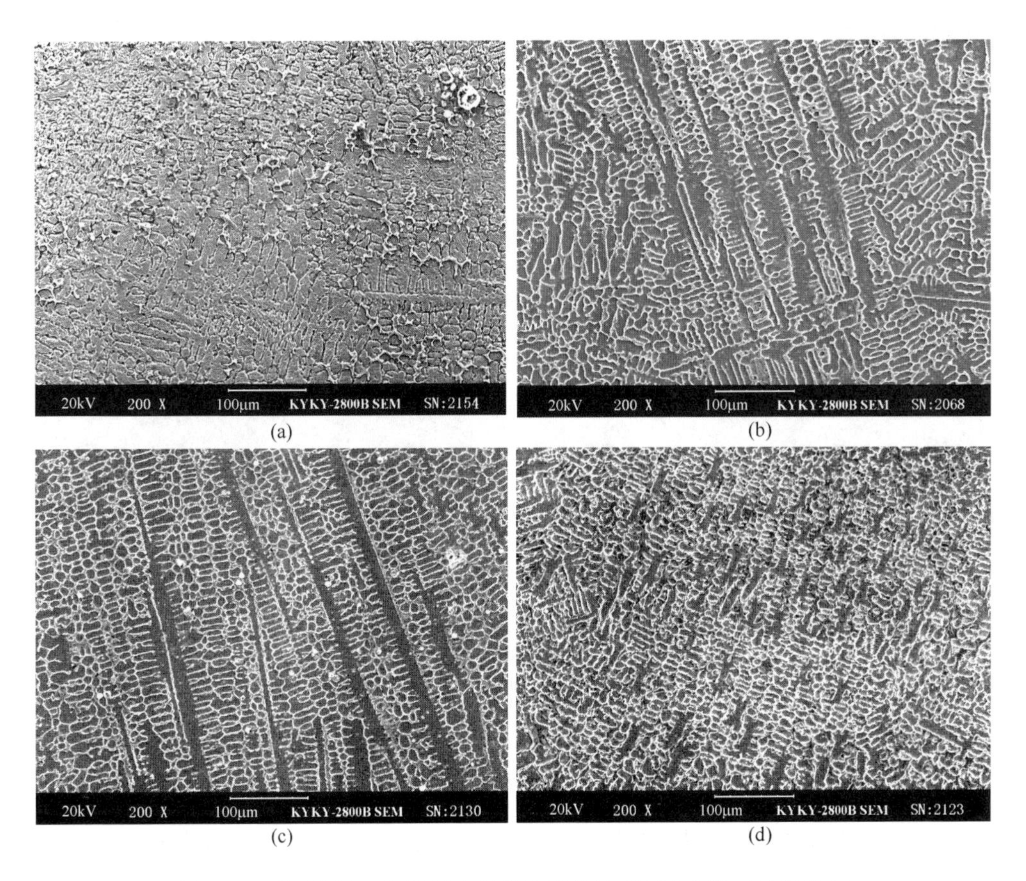

图 7-4 不同种类、含量稀土氧化物所得的表面冶金涂层显微组织
（a）0% RE；（b）0.1% La_2O_3；（c）0.1% Ce_2O_3；（d）0.1% La_2O_3 +0.1% Ce_2O_3

未添加稀土的涂层中存在着夹杂、枝晶粗大。而加入稀土化合物的涂层组织中夹杂、气孔、裂纹明显减少，枝晶细化，组织均匀，这是因为作为表面活化元素与球化元素的稀土的加入，强化了微合金化作用和去除晶界夹杂的净化作用。等离子束表面冶金快速熔凝能够把较多的稀土元素加入到熔池中，稀土元素与熔池中的 O、S、Si 等元素形成稳定的低熔点化合物，这些化合物在凝固前从液相中上浮，在涂层表面形成熔渣，化合物上浮过程中带走涂层中的气体，起到除气作用，净化了组织。此外，稀土的加入，增加了液态金属的流动性，减小了凝固过程中的成分过冷，降低了成分偏析，使组织趋于均匀化。

研究还发现，稀土元素的加入量并不是越多越好。添加过量的稀土时，反而降低了熔池中熔体的流动性，使气泡不易排出，况且较多的稀土添加量与其他成分形成的内部夹杂也增多，造成涂层的表面质量和内部质量下降，最终导致涂层表面硬度及耐磨性降低。添加 0.2% La_2O_3 +0.2% Ce_2O_3 和 0.3% La_2O_3 +0.3%

Ce_2O_3 后的表面冶金涂层的组织反而恶化，同时也出现了夹杂，如图 7-5 所示。由图 7-5 可以看出，铁基合金粉末中加入不同含量稀土元素后，涂层中夹杂物的形状和数量也不尽相同。当加入 0.3% La_2O_3 +0.3% Ce_2O_3 后，涂层中夹杂物就基本上全部变为球状。稀土加入过量后，使得脱氧和脱硫作用下降，因此导致夹杂物总量增多。

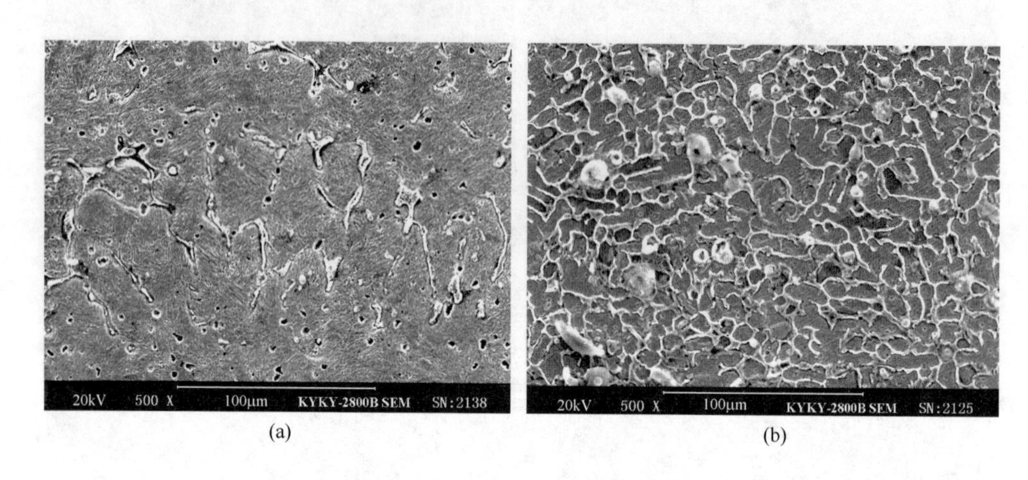

(a)　　(b)

图 7-5　不同含量的混合稀土表面冶金涂层显微组织

（a）0.2% La_2O_3 +0.2% Ce_2O_3；（b）0.3% La_2O_3 +0.3% Ce_2O_3

图 7-6 为配方 F06 涂层组织中共晶碳化物的组织形貌，它们各自联合成网状分布，呈平行短棒状及球状或花瓣状，与未添加稀土的配方 F03 中共晶碳化物组织类似，说明稀土的加入基本上未改变涂层共晶碳化物形貌。

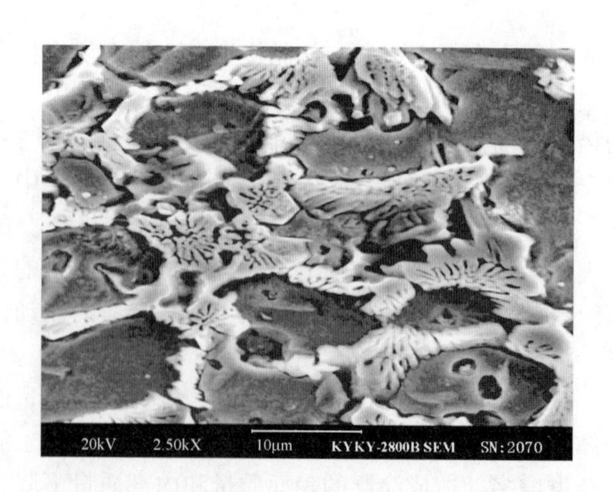

图 7-6　配方 F06 涂层组织中共晶碳化物的组织形貌

7.2.3 涂层物相分析与元素分布

添加混合稀土氧化物（0.1% La_2O_3 + 0.1% Ce_2O_3）后的表面冶金涂层X射线衍射图谱如图7-7所示。与未添加稀土的表面冶金涂层X射线衍射图谱（图6-14）相比较，结果表明，未添加稀土氧化物时，表面冶金涂层主要含有γ-(Fe, Ni) 和 M_7C_3。而添加稀土氧化物后，表面冶金涂层中除了存在上述相以外，还出现了 Fe_3NiB、$LaBO_3$ 等新相。这表明添加的稀氧化物在高能等离子束作用下，除一部分与S、P、Si等形成低熔点共晶化合物，凝固后随熔体上浮形成熔渣外，还有一部分生成可作为形核核心的稀土氧化物，起到进一步细化晶粒的作用。

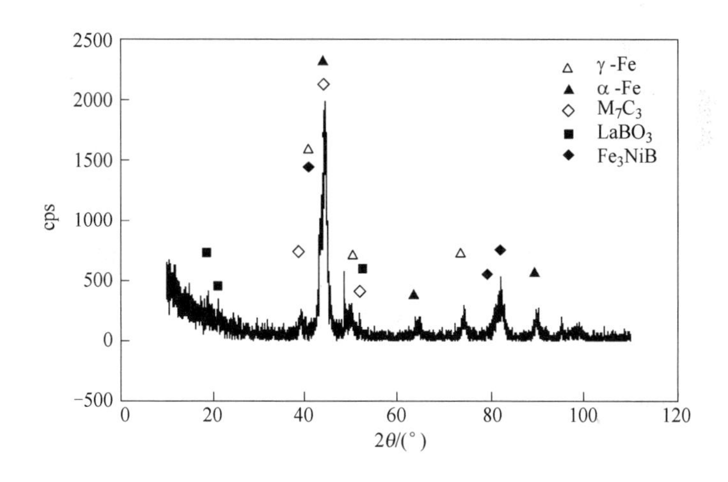

图7-7 FeCrCNiBSi + (0.1% La_2O_3 + 0.1% Ce_2O_3) 涂层X射线衍射图谱

图7-8是FeCrNiBSi涂层主要元素分布图，图7-9为FeCrNiBSi +（0.1% La_2O_3 + 0.1% Ce_2O_3）涂层主要元素分布图。由图7-8和7-9可以看出，未加稀土的表面冶金涂层中Si元素较多，它主要分布于裂纹、疏松、夹杂物处，当表面冶金涂层中由于热应力产生的拉应力释放时，这些脆性的夹杂物首先产生微裂纹，从而为涂层提供裂纹源。与未添加稀土的元素分布对比，添加0.1% La_2O_3 + 0.1% Ce_2O_3 的涂层中Cr元素主要分布在树枝晶上，提高了表面冶金涂层硬度。而且，添加适量稀土的涂层Si元素较少，说明Si形成的夹杂少。当添加稀土后，稀土与涂层中的O、S、Si等元素形成低熔点的稳定的化合物上浮，形成熔渣，同时在上浮过程中带走残余的气体和夹杂，净化了涂层。另外，其他元素的分布和不添加稀土的基本相同，只是元素分布更加均匀。

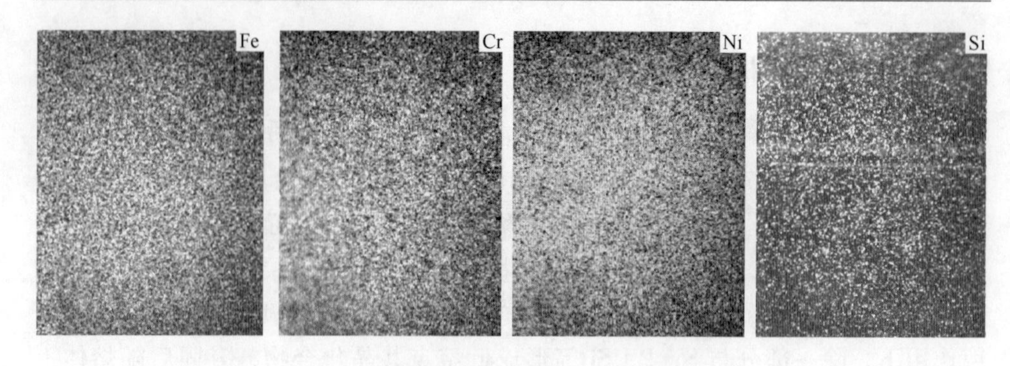

图 7-8 FeCrNiBSi 涂层主要元素分布

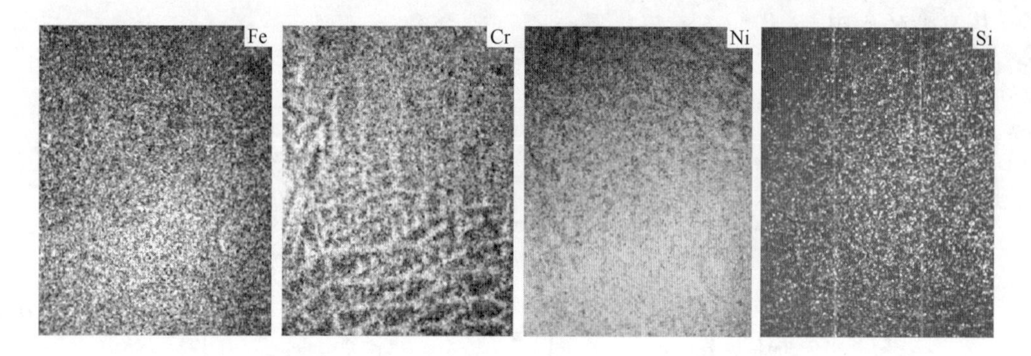

图 7-9 FeCrNiBSi + (0.1% La_2O_3 + 0.1% Ce_2O_3) 涂层主要元素分布

7.3 稀土机理分析

7.3.1 稀土对表面冶金涂层的细化作用

由于稀土元素的化学活性，它们很容易与其他元素反应生成稳定的化合物，这些化合物增加了涂层中的形核质点，加快了涂层在凝固过程中的形核速度和数量，从而细化了晶粒。同时，稀土的加入减小了液态金属的表面张力和临界形核半径，使得在同一时间内的形核质点数目明显增加。而且，稀土元素还可以与氧和硫反应形成相应的化合物，增加了结晶过程中的异质形核数量。稀土元素还可以增加液态金属的流动性，减小凝固过程中的成分过冷，降低成分的偏析[5]，从而使组织均匀化。稀土元素吸附在液 - 固界面上，使表面自由焓降低，晶粒长大的驱动力减小，限制了晶粒的长大。另外，稀土元素的偏聚阻碍了其他元素原子的扩散，也阻碍了晶粒的长大[6]。

7.3.2 稀土对夹杂物的净化作用

在等离子束表面冶金形成的熔池中，RE 与氧、硫发生的反应为：2RE(l) +

$2[O]+1/2[S_2]\rightarrow RE_2O_3S(s)$。由于等离子束产生的高温，同步加入的合金元素和基体都达到熔化状态，基体材料的碳元素和铁基合金中的 Fe、Ni、Cr、Si、B 元素以及 La_2O_3、Ce_2O_3 同处于熔池之中，冶金表层的温度梯度引起的表面张力和元素重力等效应，极短时间内各种元素在熔池中相互扩散混合。由于采用了氩气保护，外界的氧没有补充的条件，而 La_2O_3 中的氧元素则和基体中的硫在高温下生成稀土硫氧化合物，由此生成的稀土硫氧化合物熔点高、密度小，从而上浮成渣，并在上浮过程中带走熔池中的气体，使熔池合金净化。

7.3.3 稀土对裂纹的抑制作用

由于等离子束表面冶金同焊接类似，是一个不均匀加热和冷却的过程。涂层在冷却过程中，不同的时期承受不同的拉伸应力。在拉伸应力作用下，涂层产生内部变形，当变形超过金属的承受能力时，就会发生开裂。在等离子束表面冶金过程中，存在凝固裂纹。硫的存在会加大凝固裂纹出现的倾向，即使微量存在，也会使结晶区间大为增加。在表面冶金形成的熔池中，稀土在金属液温度下与氧、硫发生的反应，因此加入稀土氧化物可以降低杂质硫在树枝晶晶界的浓度，也抑制了凝固裂纹的形成。

在本实验条件下，表面冶金涂层在其固态收缩的低温阶段内处于较大的拉应力状态，其主要原因是在等离子束快速加热后，由于依靠基体自冷，使涂层中熔区内各处冷却极不均匀，其冷却速度差异很大，造成其各处的体积收缩的不同时性，因此可能导致表面冶金涂层表面开裂。由于稀土氧化物的加入，晶粒明显细化，使得组织具有较高的强度极限，当等离子束表面冶金涂层中综合应力为拉应力，且为一定值时，组织的强度极限越高，其开裂的倾向也越小。另外，晶体生长方向对表面冶金涂层开裂也有影响。由于晶核基底的基材晶粒的各向异性，会造成不同生长方向的共晶组织，它们在快速凝固过程中发生强烈的碰撞，结果在不同生长方向的共晶界面间产生较大的应力而产生微裂纹。而加入稀土氧化物后，表面冶金涂层组织主要为等轴晶，且方向性不明显，从而也可以避免微裂纹的产生[7]。

参 考 文 献

[1] 杨庆祥，姚枚，魏雅娟. 稀土氧化物对中高碳钢堆焊金属中夹杂物变质作用的热力学分析 [J]. 中国稀土学报，2001，19 (5)：339~442.

[2] 伍炳尧，尹衍升，苏华钦. 稀土氧化渣净化铸造铁水的实验研究与热力学分析 [J]. 中国稀土学报，1992，10 (4)：321~325.

[3] 王龙妹，杜挺，卢先利，等. 稀土元素在钢中的热力学参数及应用 [J]. 中国稀土学报，2003，21 (3)：251~254.

[4] 张来启，陈光南. 激光熔覆 $MoSi_2$ 粉末涂层的组织结构和性能 [J]. 金属热处理，2002，

27 (11): 10 ~ 13.

[5] 潘应君，许伯藩，李安敏. La_2O_3 对激光熔覆镍基陶瓷复合层组织及耐磨性的影响 [J]. 金属热处理，2002，27 (8): 17 ~ 19.

[6] Hida M, Hashmoto H. Effect of rare earth oxide on the microstructures in laser melted layer [J]. Journal of Materials Science, 2000, 35 (21): 5389 ~ 5400.

[7] Yang Q X, Wang A R, Ren X J, et al. Effect of rare earth on thermal fatigue of high Ni-Cr alloy cast iron [J]. Journal of Rare Earths, 1996, 14 (4): 286 ~ 290.

8 等离子束表面冶金铁基涂层性能及应用研究

前面通过对等离子束表面冶金铁基合金涂层表面形貌，微观组织的分析，选择出了适宜的、极低成本的涂层材料体系并优化了工艺参数，获得了连续均匀、无裂纹和气孔的铁基表面冶金涂层。本章对所制备的表面冶金涂层的硬度、抗腐蚀性能、磨损性能等进行了分析测试，通过对磨损表面的分析，揭示表面冶金涂层的磨损机制，并开展了等离子束表面冶金铁基涂层截齿的应用研究。

8.1 等离子束铁基表面冶金铁基涂层硬度测试

图 8-1 为不同配方涂层试样的显微硬度分布曲线。

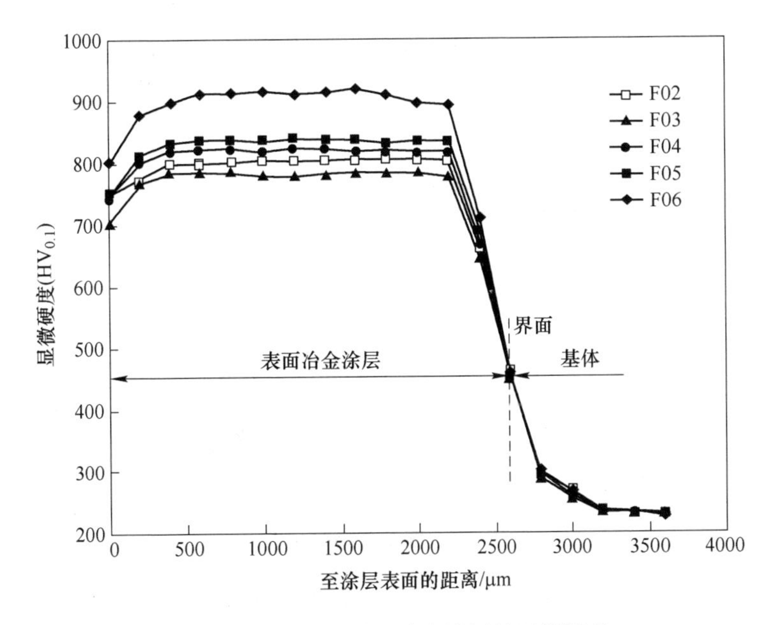

图 8-1 不同配方表面冶金涂层的显微硬度

由图 8-1 可以看出，涂层硬度大体呈梯度分布，涂层外表层硬度比内部次表层略有下降，次表层的组织细密且具有最高硬度，其原因是涂层外表层因受等离子束作用时间较长，导致部分元素烧损或挥发，使得涂层外表层存在少量的缺陷，这些原因综合在一起导致了外表层的涂层硬度低于次表层。表面冶金涂层中部的碳化物分布相对均匀，因此硬度出现平台。接近熔池底部由于基体元素的溶入造成的稀释作用逐渐增大，所以硬度缓慢下降，并在界面处发生突变，基体硬度最低（大致为230$HV_{0.1}$）。另外，添加稀土氧化物后，表面冶金涂层的硬度有了不同程度的提高，涂层的硬度在800～900$HV_{0.1}$之间。所以，采用等离子束表面冶金处理可以得到硬度很高的表面冶金涂层。涂层硬度较高的原因主要为：(1) 合金粉末中有大量的合金元素，等离子束表面冶金为快速凝固过程，凝固得到过饱和的固溶体，固溶强化显著；(2) 凝固结晶速度快，组织得到细化；(3) 快速凝固过程中形成的弥散分布的第二相粒子起到强化的作用；(4) 基体热影响区也因等离子束快速加热与冷却使得其基体晶粒得以细化，热影响区的硬度比基体略有提高。

图8-2为添加不同含量的混合稀土后的涂层显微硬度分布曲线。由图8-2可以看出，稀土氧化物的加入量对显微硬度的提高有一最佳值，并不是加入量越大就越好。本实验条件下，加入0.1% La_2O_3 +0.1% Ce_2O_3 的稀土氧化物（F06），对表面冶金涂层的显微硬度提高效果最好。

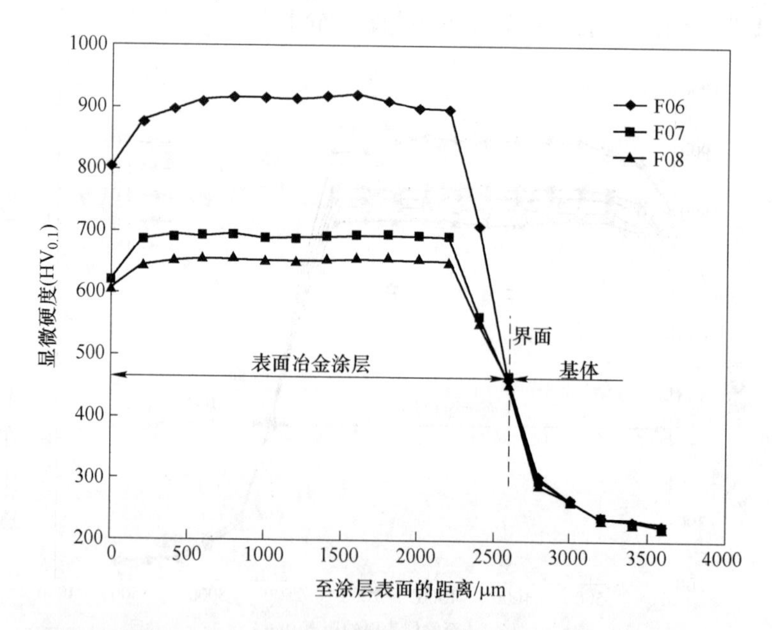

图8-2　添加不同含量的混合稀土后的涂层显微硬度

加入适量稀土氧化物后，能不同程度地提高表面冶金涂层的硬度，其原因为：

(1) 组织细化导致硬度提高。由霍尔－佩奇公式可知，晶粒越细小，屈服强度也越高。而在一般情况下，强度和硬度的变化是一致的，强度越高，硬度也越高。适量的稀土加入到涂层中后，使组织细化，从而导致了表面冶金涂层显微硬度的提高。

（2）固溶强化作用。表8-1列出了部分稀土元素的基本物理化学性质[1,2]。由表8-1可以看出，稀土元素的原子半径和离子半径都远大于常见金属原子和离子的半径。稀土金属的原子半径在173.5～187.9pm之间，而铁原子的半径只有117pm；稀土离子的半径在85pm（Lu^{3+}）至106 pm（La^{3+}）之间，铁离子的半径为60pm。根据Hume Rothery的固溶度尺寸效应规则，即溶质原子与溶剂原子尺寸大于15%时，固溶度很小。稀土原子与铁原子尺寸相差40%以上，通常的化学热处理方法很难使稀土在金属中有大的固溶量。等离子束表面冶金最显著的特点就是熔池的快速凝固结晶，这样，可使过饱和稀土溶于金属涂层。其次，快速凝固可以显著细化晶粒，增大晶界密度，有利于稀土原子在晶界的偏聚，也增大了稀土的固溶量。由于稀土元素的原子半径很大，形成固溶体时会导致较大的晶格畸变，产生了固溶强化。除了稀土元素本身产生的固溶强化外，稀土元素还影响其他元素的含量，进一步影响到固溶强化的效果。

表8-1 部分稀土元素的基本性质

原子系数	元素	相对原子质量	熔点/℃	电负性	原子半径/pm	离子半径/pm
57	La	138.91	918	1.10	187.9	106.1
58	Ce	140.12	798	1.12	182.5	103.4
59	Pr	140.91	931	1.13	182.8	101.3
60	Nd	144.24	1021	1.14	182.1	99.5

8.2 等离子束表面冶金铁基涂层抗腐蚀性能测试

良好的耐蚀性是预期添加稀土的表面冶金涂层具有的一个重要性质，为了检验表面冶金涂层的抗腐蚀性能，将不同配方的涂层试样和1Cr18Ni9Ti不锈钢试样，同时放在常压、室温下0.5mol/L H_2SO_4溶液和海水两种介质中，在相同条件下做静态挂片腐蚀对比试验，经24h、120h腐蚀后，清洗试样，分别用精度为0.1mg的Startorius BS 110s型电子天平称出各试样腐蚀前后的质量，计算出各试样腐蚀后的失重，试验结果和数据见表8-2。

表8-2 抗腐蚀实验结果

腐蚀介质	试样	腐蚀失重/mg	
		24h	120h
0.5mol/L H_2SO_4	F02	28	53
	F03	23	41
	F04	18	37
	F05	15	31

续表 8-2

腐蚀介质	试样	腐蚀失重/mg	
		24h	120h
0.5mol/L H_2SO_4	F06	9	23
	F07	21	56
	F08	26	63
	1Cr18Ni9Ti 不锈钢	37	134
海水	F02	47	219
	F03	33	151
	F04	27	102
	F05	26	92
	F06	20	86
	F07	36	163
	F08	43	192
	1Cr18Ni9Ti 不锈钢	72	371

由表 8-2 中的试验数据可以看出，同 1Cr18Ni9Ti 不锈钢相比，表面冶金涂层具有优越的耐蚀性能，当加入适量稀土的涂层的耐蚀性优于不加稀土的涂层。其中，配方 F06 涂层试样的耐腐蚀性能最好，但加入的稀土过量以后，耐腐蚀性能反而下降。

图 8-3 为添加不同种类、不同含量稀土氧化物后的表面冶金涂层在 0.5mol/L 的硫酸溶液中的极化曲线。

表 8-3 是根据图 8-3 的极化曲线计算出的添加不同种类、不同含量稀土氧化物后的表面冶金涂层腐蚀实验的主要数据。极化曲线是描述材料在介质中发生钝化过程的曲线，钝化即意味着金属腐蚀过程被阻碍，一般的极化曲线分 4 个阶段：活化溶解阶段、活化－钝化阶段、钝化阶段和过钝化阶段。其中，致钝电流密度、维钝电流密度越小，则说明发生钝化越容易，即耐腐蚀性越好；维钝区域越宽，说明耐腐蚀能力越强[3]。由图 8-3 和表 8-3 可以看出，与未添加稀土的涂层相比，添加单一稀土 La_2O_3、单一稀土 Ce_2O_3 和混合稀土 0.1% La_2O_3 + 0.1% Ce_2O_3 的涂层致钝电流密度、维钝电流密度较小且维钝区域宽，说明添加稀土的涂层发生钝化越容易、耐蚀性强，但加入过量的混合稀土的涂层耐蚀性反而会降低。由于 Ce 电化学标准电位比高[4]，按照活化－钝化曲线可知，标准电位升高，则扩大了曲线钝化区，因此高的电化学标准电位对表面冶金涂层的耐腐蚀性有利[5]，使涂层的耐蚀性提高，所以单独添加铈氧化物的配方 F05 比单独添加镧氧化物的配方 F04 涂层耐蚀性要高。

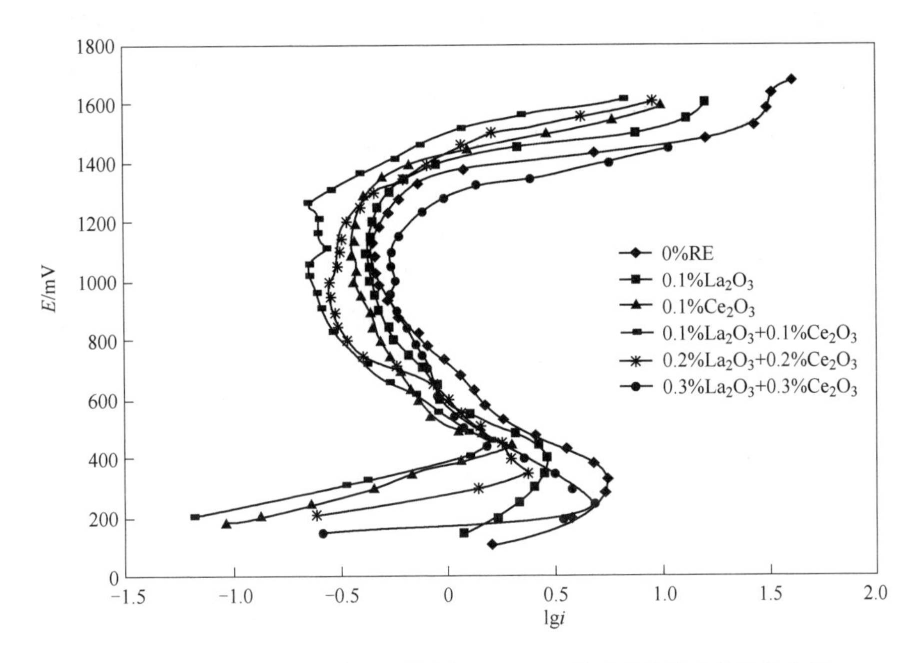

图 8-3 添加稀土氧化物后的涂层在 0.5mol/L 的硫酸溶液中的极化曲线

表 8-3 抗腐蚀实验结果

RE/%	致钝电流度 /$\mu A \cdot cm^{-2}$	维钝电流度 /$\mu A \cdot cm^{-2}$	致钝电位 /V	维钝电位 /V	过钝化电位/V
0% RE	4.467	0.447	0.24	0.78	1.3
0.1% La_2O_3	2.818	0.331	0.40	0.72	1.37
0.1% Ce_2O_3	1.996	0.319	0.42	0.70	1.40
0.1% La_2O_3 +0.1% Ce_2O_3	1.584	0.199	0.44	0.71	1.39
0.2% La_2O_3 +0.2% Ce_2O_3	2.512	0.263	0.36	0.74	1.36
0.3% La_2O_3 +0.3% Ce_2O_3	5.623	0.398	0.32	0.84	1.36

等离子束表面冶金铁基涂层优越的耐蚀性首先与其细小的组织和大量的镍、铬、硅等耐蚀元素有关。由于等离子束表面冶金处理的快速凝固和冷却的特点，使得涂层的显微组织较为细小，且快速冷却形成的定向凝固组织使表面晶粒取向相似，减少了因取向不同而造成的原电池反应。快速加热及冷却加大了 γ-(Ni, Fe) 固溶体中合金元素的固溶度，从而提高了涂层基体、固溶体枝晶的电极电位，缩小了枝晶间高电极电位的共晶化合物之间的差值，减缓了两者之间的电化学腐蚀速度。

当在铁基粉末中加入稀土氧化物后，涂层组织更加均匀、细小。由于稀土的净化晶界的作用，使晶界的微观组织得到进一步改善，减少了晶界中的缺陷，减弱了腐蚀沿着这些部位进行的几率和速度，从而提高涂层的耐蚀性。另外，铁基涂层试样在酸性溶液中的腐蚀反应主要是析氢极化反应，铁在阳极被氧化成 Fe^{2+}，溶液中的 H^+ 在阴极得到电子还原为 H_2。涂层中加入稀土氧化物后，由于La、Ce 原子对氢的陷阱作用[6]，使氢在钢中的渗透过程受到影响，限制了氢的自由度，降低了氢的活度，从而减慢了阴极反应，从这个方面也可以提高涂层的耐蚀性。比较添加不同种类、含量稀土的致钝电流密度和维钝电流密度，可以看到，添加单一稀土 La_2O_3、单一稀土 Ce_2O_3 的涂层耐蚀性较好，添加 0.1% La_2O_3 +0.1% Ce_2O_3 的涂层比添加单一的稀土后的效果要好，说明两者的配合使用，发挥了较好的协同效应。继续添加过量的稀土氧化物后，由于稀土与涂层中的其他成分形成的内部夹杂物也增多，晶界处能量加大，造成涂层的表面和内部质量下降，增加了形成表面孔蚀和在内部夹杂物附近引起腐蚀的趋势，从而降低了涂层的耐蚀性。

稀土在钝化膜形成中的作用，可以通过稀土本身的化学性质加以解释，在等离子束作用过程中从中分离出来的稀土元素离子，化学性质比较活泼，率先与涂层中的硫、氧结合成比较稳定的化合物，从而起到脱氧脱硫的作用。脱硫的作用在很大程度上减少了涂层中的夹杂物含量，这对改善涂层的耐蚀性能有很大的影响。

8.3　等离子束表面冶金铁基涂层磨损性能测试

本书研究铁基等离子束表面冶金涂层的目的是为了对采煤机截齿进行强化，使其具有良好的耐磨、耐蚀性能，从而提高其服役寿命。第 3 章对截齿的工况分析表明，在截齿截煤过程中，主要是由于磨损导致硬质合金刀头脱落而造成截齿的失效，其磨损的形式为磨粒磨损。

所谓磨粒磨损是指由于硬颗粒或硬突出物使材料产生迁移而造成的一种磨损。一般磨粒磨损有两种形式：（1）粗糙而坚硬的表面在较软的表面滑动，即两体磨粒磨损；（2）游离的坚硬粒子在两摩擦表面之间滑动，即三体磨粒磨损。磨粒磨损过程中的材料去除形成磨屑的机制主要有两种：一是由塑性变形机制引起的去除过程；二是由断裂两种机制引起的去除过程。当磨粒与塑性材料表面接触时，材料可能受磨粒的挤压向两侧隆起而构成犁沟，在多次变形后产生脱落；或者在磨粒作用下发生如刨削一样的切削过程，直接造成材料的脱落；对于脆性材料，磨粒与材料间的接触应力将使材料形成径向、中间及横向裂纹，如果磨粒的压痕深度大于材料的裂纹发生的临界深度，经裂纹的迅速扩展将使局部材料断裂而发生脱落[7]。事实上，上述两种磨损机制在实际的磨损当中无论是塑性材料还是脆性材料均可能同时发生，而且还可能相互转换，只不过会由于磨损的环境条件或摩擦副的材料特性不同而可能某种机制会占主导地位。本节对所制备的表面冶金涂层的磨损性能等进行了分析测试，通过对磨损表面的分析，揭示其磨损机制。

8.3.1 载荷对涂层室温耐磨性能的影响

在相对摩擦速度及磨损时间一定，载荷不同的室温湿磨粒磨损试验条件下，得到不同配方表面冶金涂层磨损失重随载荷变化的关系，见表 8-4。

表 8-4 不同粉末配方表面冶金涂层磨损失重随载荷变化关系

载荷/N	不同配方平均磨损失重/mg							
	F02	F03	F04	F05	F06	F07	F08	16Mn 钢
40	11.21	7.67	6.23	6.31	4.18	8.85	9.19	48.11
70	13.43	8.03	6.97	7.02	4.99	9.87	10.83	97.56
100	15.89	9.72	7.49	7.66	6.37	12.39	13.73	196.53
140	17.37	12.06	8.38	8.47	7.16	14.02	15.17	328.34

由表 8-4 可以看出，总体来讲，不同配方的表面冶金涂层磨损失重很小，其中配方 F06 的磨损失重最小，随着载荷增加，涂层失重增加得十分缓慢；而 16Mn 钢标样磨损失重较大，且随着载荷增加磨损失重迅速增加。因此，与 16Mn 钢相比，表面冶金涂层具有优异的室温耐磨性能，且载荷越大，涂层的相对耐磨性越高。如当载荷为 40N 时，FeCrNiBSi + 0.1% La_2O_3 + 0.1% Ce_2O_3 涂层相对耐磨性是 16Mn 钢 8 倍；载荷增加到 140N 时，相对耐磨性增加到 31 倍。

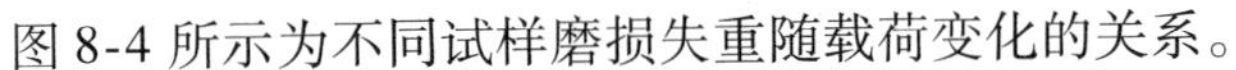

图 8-4 所示为不同试样磨损失重随载荷变化的关系。

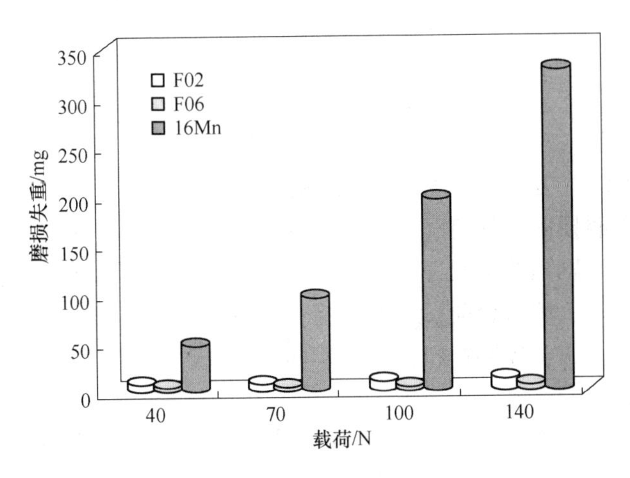

图 8-4 不同试样磨损失重随载荷变化的关系

从图 8-4 中可以看出，16Mn 钢标样的磨损失重随载荷增加急剧升高，而配方 F02、F06 的涂层的磨损失重在一定范围内随载荷增加变化缓慢，即表面冶金涂层具有很好的载荷特性，其原因在于：在本试验条件下，磨损失效的主要原因是硬质磨粒石英砂在压力作用下进入试样表面并在切向应力作用下对材料进行犁削进而形成犁沟，而且涂层中剥落的硬质相碎片以及经过多次加工硬化的质点运动到摩擦面上会充当硬质磨粒，对涂层进行微切削和挤压，使涂层产生犁沟，犁沟两侧发生塑性变形，如此重复作用，最终引起涂层的破坏。对于16Mn钢等常规材料，由于其自身硬度不大，随载荷增加，硬质磨粒石英砂更容易在压力作用下进入试样表面并对材料进行犁削，进而形成犁沟，抵抗磨粒磨损的能力严重下降，从而导致其磨损失重随载荷急剧增加。对于表面冶金涂层，由于其主要组成相 M_7C_3 具有很高的硬度，涂层整体硬度也很高，在载荷作用下，硬质磨粒石英砂不能有效压入其表面，对其进行切削或使其产生犁沟变形，载荷的增加不能使涂层的磨损程度大幅度地加剧。

8.3.2　磨损时间对涂层室温耐磨性能的影响

在本试验条件下，橡胶轮旋转周次越大，则磨损的时间就越长。在载荷为70N和摩擦速度相等的室温湿磨损试验条件下，得到不同配方表面冶金涂层磨损失重随时间变化的关系，见表8-5。

表8-5　不同粉末配方表面冶金涂层磨损失重随时间变化关系

橡胶轮旋转周次/r	不同配方平均磨损失重/mg							
	F02	F03	F04	F05	F06	F07	F08	16Mn 钢
4000	13.43	8.03	6.97	7.02	4.99	9.87	10.83	97.50
6000	15.78	11.04	8.34	9.01	6.43	11.76	12.88	140.36
8000	18.34	13.21	10.69	10.92	8.76	13.95	14.56	231.27
10000	20.63	15.06	12.79	13.16	10.49	16.17	17.23	357.32

由表8-5可以看出，与16Mn钢标样相比，不同配方的表面冶金涂层磨损失重很小，且随着磨损时间的延长，涂层磨损失重增加得十分缓慢，因此表面冶金涂层能够适应长期剧烈的磨损工况。对于常规金属材料，材料的磨损过程可以分为三个明显的阶段，即磨合阶段、稳定磨损阶段和剧烈磨损阶段。不同的磨损时间段内，有其各自的主导磨损机制，在不同的磨损时间段内材料的磨损失重变化的规律也各不相同。

另外，加入稀土比不加稀土的涂层耐磨性有一定程度的提高。在铁基合金粉末中加入稀土氧化物后，涂层中的耐磨性达到最高值。由于稀土的净化、变质、细化作用，涂层的组织得到改善，组织细化，增加了晶界面积，且形成良好的冶金结合界面，涂层中夹杂物减少，从而有利于降低合金涂层的摩擦系数，另外，加入适量稀土后涂层内部出现裂纹的几率下降使得涂层在磨损时不易剥落。过量的稀土加入导致了夹杂物的增多，组织也不如适量稀土的组织细小，反而降低耐磨性，由于过量的稀土残留在涂层中与涂层的其他成分形成内部夹杂物，影响了耐磨性能，因此添加适量的稀土才能有效地提高表面冶金涂层的耐磨性能。载荷为70N，橡胶轮旋转周次为4000转时，FeCrCNiBSi涂层相对于16Mn钢耐磨性为12.1倍，FeCrCNiBSi+0.1% La_2O_3 +0.1% Ce_2O_3 涂层相对于16Mn钢的耐磨性为19.5倍；而当橡胶轮旋转周次为10000转时，FeCrCNiBSi涂层相对于16Mn钢的耐磨性为23.7倍，FeCrCNiBSi+0.1% La_2O_3 +0.1% Ce_2O_3 涂层相对于16Mn钢的耐磨性为34倍。

图8-5为配方F03表面冶金涂层在橡胶轮旋转周次4000转时和橡胶轮旋转周次10000转时的磨损形貌特征。由图可以看出，特征基本相似，磨损时间长，则犁沟略有加深，其主导磨损机制均为轻微的擦划、显微切削，涂层的主导磨损机制并不随磨损时间发生显著变化，因此，涂层磨损失重随磨损时间的延长增加得十分缓慢。而16Mn钢标样在经历了短暂的磨合阶段及稳定磨损阶段以后，迅速进入剧烈磨损阶段，在几乎整个磨损过程中，其主导磨损机制一直为严重的粘着磨损和磨料磨损，故其磨损失重随磨损时间增加一直持续增加。

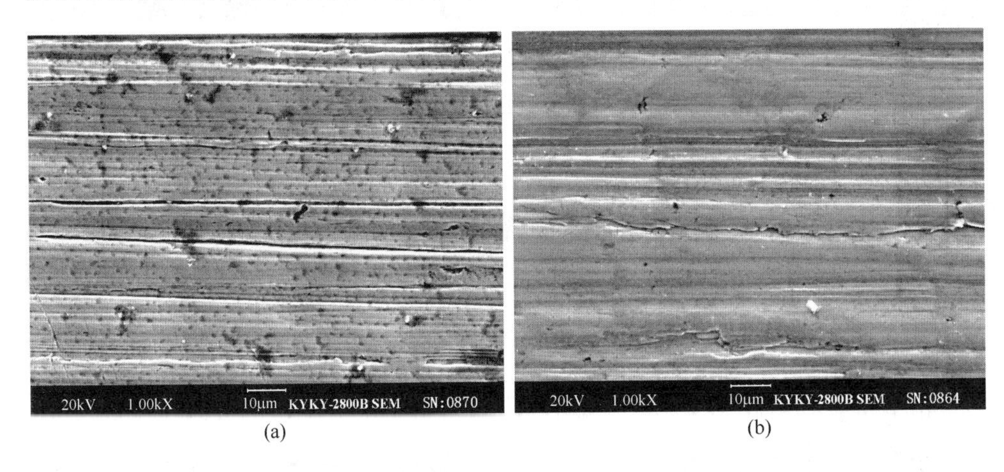

(a) (b)

图8-5 配方F03表面冶金涂层磨损不同时间后磨损表面形貌

(a) 橡胶轮旋转周次4000转；(b) 橡胶轮旋转周次10000转

8.3.3 磨损形貌

图8-6为载荷为70N，橡胶轮旋转周次为4000转时不同配方涂层试样与16Mn钢标样的磨损后SEM形貌。由图可见，不同配方的涂层试样和16Mn钢标样的表面都发生了不同程度的擦伤磨损，其磨损程度可从表面擦伤的磨痕宽度和深度来判断。试样16Mn钢磨损表面塑性变形严重，既有很深的犁沟，又有严重的粘着，表面布满块状磨屑脱落的痕迹和许多即将脱落的磨屑；而铁基表面冶金

涂层试样表面比较光滑，与试样 16Mn 钢相比，划痕深度较浅。其原因为石英砂的硬度远低于碳硼化物的硬度，试样与磨料的接触应力也比较小，因此碳硼化物表面未发生切削沟槽，只显示出一些划伤痕迹。由于表面冶金涂层属于快速凝固组织，合金元素固溶度高，具有较强的固溶强化效应，而且涂层中细小的共晶体呈骨架分布，强化涂层基体，使其在磨损过程中塑性变形较小，因而未出现粘着现象。另外，添加适量稀土的涂层磨痕宽度和深度比未添加稀土的涂层要小。

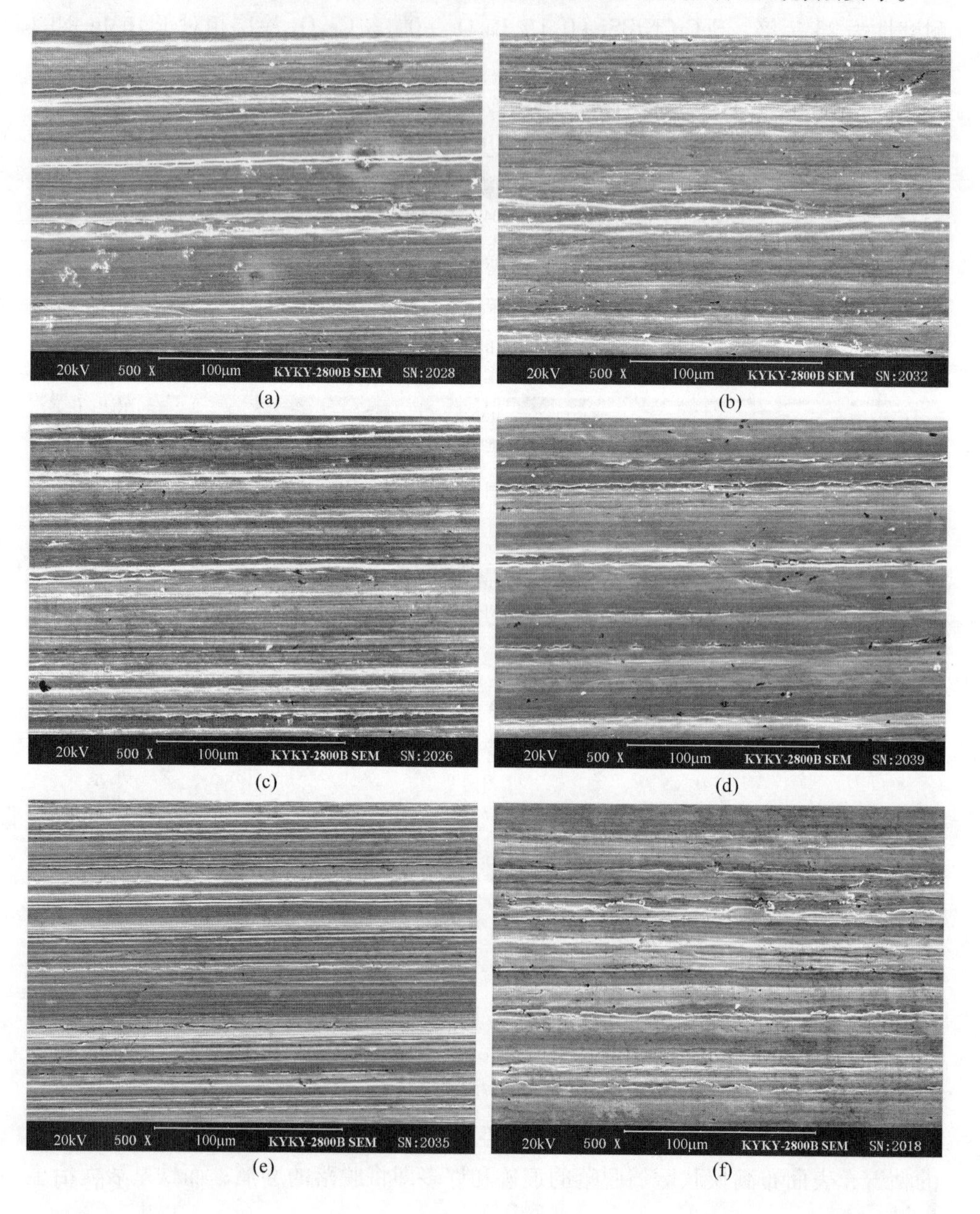

(a)　(b)　(c)　(d)　(e)　(f)

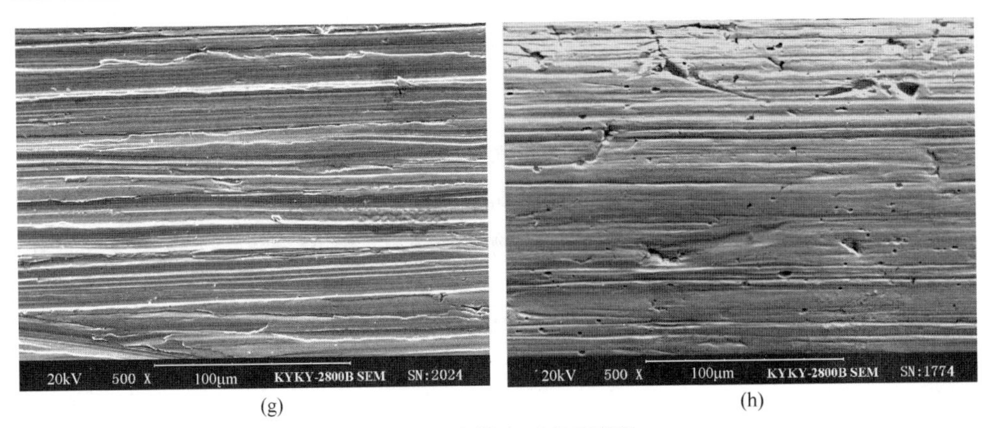

(g) (h)

图 8-6 试样表面磨痕形貌

(a) F02 试样; (b) F03 试样; (c) F04 试样; (d) F05 试样; (e) F06 试样; (f) F07 试样; (g) F08 试样; (h) 16Mn 试样

8.3.4 耐磨机理分析

表面冶金涂层的硬度对其耐磨性有重要的影响，但硬度和耐磨性并非是一一对应的关系。在相当多的条件下，硬度最高的涂层的耐磨性并不是最好的，但硬度最低的金属的耐磨性相对较差。在相同的工况条件下，表面冶金涂层抗磨料磨损的能力不仅取决于其硬度，也取决于其显微组织。材料的表面硬度越高，抵抗磨粒压入表层的能力越强，磨料去除材料的体积越少，材料的耐磨性越好。因此，表面涂层材料的显微组织越细小，硬度就越高，硬度越高，断裂韧性越好，磨粒磨损量就越小。其次，涂层的耐磨性还与其碳含量有关，碳含量越高，形成的碳化物硬质相越多，耐磨性就越高。

由于形成涂层的铁基合金粉末中含有较高的 C、Cr、Ni、B、Si 等元素，等离子束表面冶金过程中，合金元素一方面溶入 γ-Fe 固溶体中，对基体相起到了固溶强化的作用；另一方面，在冷却过程中 C、B、Si 与 Cr、Ni、Fe 等元素交互作用原位自生了许多复杂的合金硼碳化物弥散相，如 $(Cr, Fe)_7(C, B)_3$ 的碳硼化物可作为硬质点障碍物，起到阻止表面擦伤和减弱基体塑性变形的滑移作用，从而延长了表层下微裂纹的形核和裂纹的扩展，增加显微切削的能耗，减轻磨粒对磨损表面的犁削作用。涂层基体组织为合金元素过饱和的奥氏体组织，具有很好的塑性和韧性，不仅对弥散颗粒相起黏结和支撑作用，同时也可通过其塑性和韧性在一定程度上抵抗磨粒磨损。而且当弥散相颗粒向基体相深处“嵌入”时，奥氏体组织会产生较大的塑性变形，并且在磨粒压应力作用下诱发马氏体相变，起到强化基体的作用。一般而言，碳化物材料具有内在脆性，其磨损往往呈现碎裂特征。但表面冶金涂层中的硬质点受到软质基体的良好黏结和支撑作用，奥氏体基体可阻止硬质颗粒的脱离，并通过塑性变形缓解碳化物颗粒承受的高应力。因此，尽管钢基体和合金碳化物等的界面因线膨胀系数、硬度和韧性存在显著差异而产生不同的拉应力和压应力，但奥氏体基体组织可对基材提供有效的黏结和支撑作用并显著提高界面结合强度，故在不同应力作用下的界面脱落和裂纹萌生受到显著抑制。正因为如此，所制备的表面冶金涂层表现出优良的抗磨粒磨损性能。当碳化物颗粒受到磨粒的挤压和犁切作用时，周围的基体组织通过产生位错增殖、割阶而有效地阻止合金碳化物等硬质点滑移及剥落。表面冶金涂层组织细小、均匀，赋予其优良的强韧性配合，在磨损过程，产生裂纹和显微剥落的可能性明显降低，因此可以认为，“镶嵌”于过饱和固溶的奥氏体基体组织中的硬质合金碳化物颗粒同基体之间产生良好的韧性和硬度复合作用效果，使得表面冶金涂层的抗磨性能显著提高。另外，等离子束表面冶金过程中的快速凝固效应，使得涂层组织细小、均匀，具有优良的强、韧性配合，使涂层材料在磨损过程中不会产生开裂和显微剥落。所以，在上述多种因素的共同作用下，等离子束表面冶金铁基复合涂层具备了良好的耐磨损性能。

当加入适量稀土后，表面冶金涂层的耐磨性能进一步得到了提高，其原因在于，稀土化合物本身具有润滑作用，同时稀土可促进 Cr 的碳化物的析出，提高涂层的硬度，降低犁削和粘着作用，从而降低摩擦系数。另一方面，由于稀土在合金中的固溶度很小，稀土大多存在于晶界，当加入适量稀土时，晶界得到强化，晶界附近位错的移动性较强，晶粒之间的滑移传递较容易，这有利于促进摩擦过程中表面微裂纹顶部的应力松弛，增加裂纹扩展的阻力，从而减轻磨损。

8.4 等离子束表面冶金技术在采煤机截齿上的应用研究

8.4.1 截齿等离子束表面冶金处理

为了大幅度提高硬质合金齿尖周边和齿体头部表面硬度和抗冲击磨损性能，我们利用等离子束表面冶金技术在截齿齿头表面制备厚度为3mm 左右的高耐磨、耐腐蚀、抗冲击性、低成本的表面冶金涂层。图 8-7 所示为等离子表面冶金处理后的截齿，图中靠近尖部的周边白色部位是等离子表面冶金涂层。

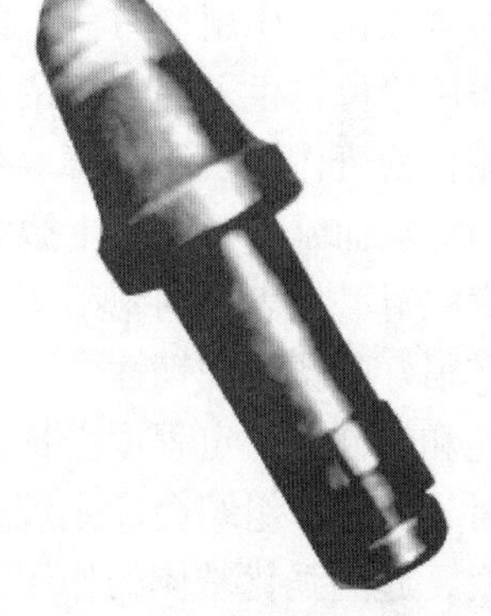

图 8-7 等离子束表面冶金强化后的镐形截齿形貌

8.4.2 截齿金相组织分析

将截齿齿头部截取横断面并制得金相试样，表面冶金区用王水深度腐蚀，基体用 3% 硝酸酒精溶液腐蚀；在 XJP-100 金相显微镜下进行观察。图 8-8 所示为截齿横断面不同部位处的金相组织照片，从图中可见，结合区呈快速凝固组织特征，在结合区的底部有一沿基体表面的平面结晶带，与基体呈冶金结合状态。由金相照片可知，涂层组织均匀，细密，无气孔、夹杂、裂纹等缺陷。

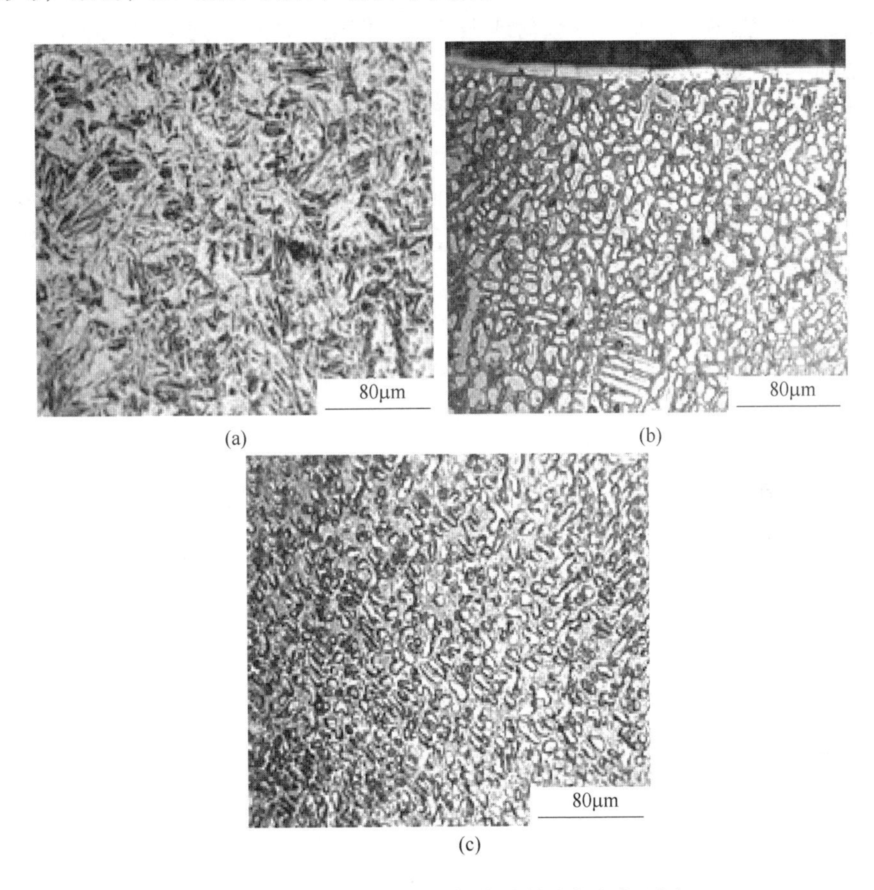

图 8-8　截齿横断面不同部位处的金相组织照片
（a）基体；（b）基体与涂层结合界面处；（c）涂层中部

8.4.3　截齿整体性能的改进

因为截齿经等离子束表面冶金和钎焊有两次高温加热，在截齿头部耐磨损性能提高的同时，不能损害截齿齿体的整体强韧性，否则会使截齿齿体的弯曲和断裂失效危险性增加。考虑到等离子束表面冶金层的耐磨性已远远超过齿体原来采用的 35CrMnSiA 高强度合金钢，完全可以使用低成本的低碳低合金结构钢取代 35CrMnSiA 高强度合金钢。为此采用了工业上常用的 20CrMnTi 钢并改进了热处理制度，采用钎焊余热 10% 碱水溶液淬火代替了 35CrMnSiA 钢的油淬加高温回火的调质热处理工艺。材料和工艺改进后，进行了冲击韧性和硬度检测。

冲击韧性是指材料在冲击载荷作用下吸收塑性变形功和断裂功的能力。冲击试验是利用能量守恒定律，冲击构件吸收的能量是摆锤试验前后的势能差。冲击试验的分类方法较多，从能量角度，可分为大能量一次冲击和小能量多次冲击。截齿在服役过程中不仅受到静载荷或振动载荷作用，而且受到不同程度的冲击载荷作用。由于截齿的工作条件极其复杂，在正常工况下，属于多冲疲劳破坏；若遇到夹矸或断层时，其应力值较高，冲击能量较大，存在一次冲断的概率。因此本书的冲击试验方法采用大能量一次冲击。

冲击试样制备过程如下：根据 MT 246—1996 用线切割将成品截齿竖向刨开，从基体中心选取冲击试验样块。将取出的样块，按照国家标准规定做成夏比（Charpy）U 形缺口试样，如图 8-9 所示。做成相同的三块试样，在 JB30A 冲击试验机上进行试验，冲击能量为 30/15kg · m，试验时用 15kg 的摆锤。

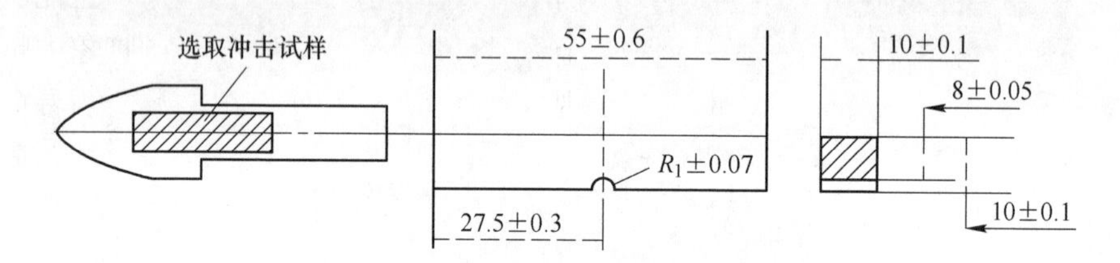

图 8-9　截齿冲击韧性试验试样示意图

其检测结果为：

一号试样：$A_k = 57\text{N} \cdot \text{m}$，$F = 0.79\text{cm}^2$；

二号试样：$A_k = 55\text{N} \cdot \text{m}$，$F = 0.78\text{cm}^2$；

三号试样：$A_k = 58\text{N} \cdot \text{m}$，$F = 0.79\text{cm}^2$。

可以计算出各试样的冲击韧性 a_K 为：

一号试样：$a_K = 72.15\text{J/cm}^2$；

二号试样：$a_K = 70.51\text{J/cm}^2$；

三号试样：$a_K = 73.42\text{J/cm}^2$。

根据《煤矿用截齿标准》（MT 246—1996）中 4.7 条规定：“煤矿用截齿热后的硬度、冲击值应符合表 8-6（在标准中为表三）的规定。”

表 8-6　MT 246—1996 煤矿用截齿标准

等　级		A（合格）	B（优质）
齿体硬度 HRC	齿　头	≥40	≥44
	齿　柄	≥38	
齿体冲击韧性 a_K/J · cm^{-2}		≥49	≥60

采用 20CrMnTi 钢的齿体经碱水溶液淬火后冲击韧性值不低于 70J/cm^2，明显超过了国家技术标准中的优质品指标。新截齿的齿头为高硬度的等离子束表面冶

金层，齿柄表面硬度为 40 ~ 45HRC，也都明显超过了上述技术标准。而且 20CrMnTi 钢从材料成本、锻造成本、机械加工成本、热处理成本均低于 35CrMnSiA 钢，因此经等离子束表面冶金处理后的截齿，不仅具有良好的表面抗冲击耐磨损性能和高的整体强韧性，又简化了生产流程，降低了生产成本。但是在实用中能否达到预期效果，还要经过大量的井下采煤试验和结果统计分析。

8.4.4 煤矿井下工作试验

将等离子束表面冶金处理和整体材料与工艺改进的镐形截齿投入山东兖矿集团、徐州矿务局、三河口煤矿等井下进行试验，反馈结果表明，在截齿顶部硬质合金周边采用等离子束表面冶金技术制备的高硬度、高耐磨和耐蚀的合金涂层，能够有效地保护硬质合金刀尖，显著提高了硬质合金齿尖的服役寿命，也能够长期承受各种磨损和介质的腐蚀，硬质合金刀尖因齿头部磨损而脱落的现象大幅度减少，没有发生齿体弯曲、折断等破损现象，万吨消耗量明显下降，截齿寿命平均提高一倍以上，可完全取代进口截齿。目前，该新材料、新技术、新工艺截齿生产方法正在全国推广应用，为提高我国采煤技术水平、降低采煤成本发挥应有的作用。

参 考 文 献

[1] 王龙妹，杜挺，卢先利，等．稀土元素在钢中的热力学参数及应用［J］．中国稀土学报，2003，21（3）：251 ~254.

[2] 杜挺，韩其勇，王常珍．稀土碱土等元素的物理化学及在材料中的应用［M］．北京：科学出版社，1995：16 ~25.

[3] 化学工业部化工机械研究院．腐蚀与防护手册（腐蚀理论·试验及检测）［M］．北京：化学工业出版社，1985：36 ~43.

[4] 刘光华．稀土金属材料学［M］．北京：机械工业出版社，1992：41 ~52.

[5] 李狄．电化学原理［M］．北京：北京航空航天大学出版社，1998：13 ~20.

[6] 王成，张庆生，江峰，等．非晶合金 Zr55Al10Cu30Ni5 在 3.5% NaCl 溶液中的电化学行为［J］．金属学报，2002，38（7）：765 ~767.

[7] 刘家俊．材料磨损原理及其耐磨性［M］．北京：清华大学出版社，1993：11 ~30.

双峰检